Introduction to Data Science

数据科学

牛奔 耿爽 王红◎著 **导论**

中国经济出版社
CHINA ECONOMIC PUBLISHING HOUSE

·北京·

图书在版编目（CIP）数据

数据科学导论／牛奔，耿爽，王红著．--北京：
中国经济出版社，2022.2
ISBN 978-7-5136-6833-0

Ⅰ．①数… Ⅱ．①牛… ②耿… ③王… Ⅲ．①数据处
理 Ⅳ．①TP274

中国版本图书馆 CIP 数据核字（2022）第 035975 号

策划编辑	姜	静
责任编辑	陈	瑞
责任印制	马小宾	
封面设计	任燕飞	

出版发行　中国经济出版社
印 刷 者　北京艾普海德印刷有限公司
经 销 者　各地新华书店
开　　本　710mm×1000mm　1/16
印　　张　15
字　　数　230 千字
版　　次　2022 年 2 月第 1 版
印　　次　2022 年 2 月第 1 次
定　　价　78.00 元
广告经营许可证　京西工商广字第 8179 号

中国经济出版社 网址 www.economyph.com 社址 北京市东城区安定门外大街 58 号 邮编 100011
本版图书如存在印装质量问题，请与本社销售中心联系调换（联系电话：010-57512564）

前　言

　　我们生活在互联网与信息技术无处不在的时代，人们的生活离不开各类智能设备，由于人们的创作内容与使用轨迹被各类应用所记录，所以用户数据量迅猛增长。与此同时，产业数据的标准化与存储设备不断发展，产业数据也飞速增长，大量的数据带来了巨大的挑战，而这些挑战又带来了前所未有的创新能力和经济机遇，数据已逐步成为推动各类应用创新、产业转型、商业模式变革的原动力。

　　从科学与教育的角度来看，了解大数据的挑战、机遇和价值，探索数据对传统的理工科、社会科学、商业和管理学科的重塑作用具有非常重要的意义。这种重塑和转换不仅由数据本身驱动，也由理解、探索和利用数据创建、转换或调整等其他方面驱动。

　　在2005年一次关于数据科学和数据分析的集思广益的会议上，来自主要分析软件供应商的几位行业代表提出了几个关键问题："信息科学已经存在这么久了，我们为什么需要数据科学？""什么是数据科学？""数据科学是否是新瓶装的老酒？"可以说，数据科学相关主题已成为统计学、数据挖掘和机器学习会议上讨论的主要关注点，在大数据、高级分析和数据科学方面，"数据驱动"等主题也受到科学界的广泛关注。尽管今天很少有人会问10多年前被问到的问题，但对于通过数据科学和分析研究，在教育和经济方面可以实现什么目标，尚未得到一致的回答。有几个关键术语，如数据分析、高级分析、大数据、数据科学、深度分析、描述性分析、预测分析和规定性分析，这些术语联系紧密，容易混淆。

　　本书对数据科学领域的基本概念、基础技术、应用领域、数据驱动的创新创业、数据安全与伦理进行了介绍和讨论，适用于对数据科学感

兴趣的学生与初级入门的读者。本书共有六章内容，具体安排如下。

第1章，描述了数据科学的概念与影响，对数据科学的定义、方法、工具、语言和框架做了总体介绍。此外，第1章从教育、医疗、交通、农业、营销、用户行为特征等方面展开，说明数据科学对现实生活的影响，以及从海量数据的有效性与数据共享问题揭示数据科学目前面临的机遇与挑战。

第2章，阐述了数据科学的基础，首先介绍了数据科学技术的整体概览，其次分别从数据采集、数据存储、数据处理3个角度对数据科学技术架构的演化进行了探索，最后对数据科学技术的7个领域分别做出简单的介绍。

第3章，介绍了数据科学技术方法。该章首先介绍了数据科学技术方法概论和数据统计分析。其次详细介绍了分类技术，包括基于最近邻的分类、贝叶斯分类、神经网络分类、组合分类方法、多分类问题和分类技术应用案例。最后介绍了聚类技术，包括聚类分析、相似性度量方法、常见聚类分析方法、聚类评估和聚类技术应用案例。

第4章，对数据科学的一些常见应用场景进行了介绍，包括数据科学在个性化推荐、智慧医疗、电子商务和专利分析领域的应用。针对不同的应用场景，本书以案例为线索，对应用场景的相关概念、发展现状、面临的挑战和具体方法进行了介绍。

第5章，主要介绍了数据智能创新与创业。首先介绍了数据所蕴含的商业价值以及在数据挖掘过程中的难点及应对，其次阐述了数据驱动下的创新创业的内涵与特征、现状以及机会，并对应用案例进行讨论，最后归纳了数据驱动下的技术创新模式与管理要素。

第6章，主要介绍了数据安全与伦理，通过列举一些典型案例引发读者的思考，讨论了数据安全与隐私保护的对策建议和数据伦理问题的治理方案。

本书得到了国家自然科学基金项目（71971143、71901150、71901152）、广东省自然科学基金项目（2020A1515010749）、广东省创新团队项目"智能管理与交叉创新"（2021WCXTD002）、深圳市高等院校稳定支持计划

（面上项目）（20200826144104001）的资助。本书由牛奔、耿爽和王红共同撰写，感谢深圳大学学科交叉创新团队成员（郭晨、张浩、邹晨、梁铬敏、黄鑫、何晓芙、王婕）提供的帮助。目前，内容还比较有限，希望本书可以抛砖引玉，为希望深入了解数据科学的原理及应用的人提供一些有益的借鉴和帮助。由于作者水平有限，书中错、谬、浅、漏在所难免，敬请诸位专家、学者、同行不吝指正。

牛奔　耿爽　王红

2022 年 1 月

目 录

第1章　数据科学的概念与影响 ······································ 001

1.1　数据的基础概念 ·· 003
　　1.1.1　什么是数据 ·· 003
　　1.1.2　数据结构模式 ·· 004
　　1.1.3　数据的价值 ·· 004
1.2　数据科学发展历程 ·· 005
1.3　什么是数据科学 ·· 007
　　1.3.1　数据科学的概念 ·· 007
　　1.3.2　数据科学使用的方法 ·· 007
　　1.3.3　数据科学使用的工具 ·· 009
　　1.3.4　数据科学使用的语言 ·· 012
　　1.3.5　数据科学使用的架构 ·· 014
1.4　数据科学的影响 ·· 016
　　1.4.1　变革教育模式 ·· 016
　　1.4.2　提升医疗服务水平 ·· 017
　　1.4.3　构建智慧交通 ·· 017
　　1.4.4　发展农业建设 ·· 018
　　1.4.5　提升营销价值 ·· 018
　　1.4.6　反馈群体行为特征 ·· 019
1.5　数据科学面临的机遇与挑战 ······································ 020
　　1.5.1　海量却无效的数据 ·· 020
　　1.5.2　数据共享问题 ·· 021
1.6　本章小结 ·· 022

参考文献 ·· 022

第 2 章　数据科学基础 ································ 025

2.1　数据科学技术的整体概览 ···················· 027

2.1.1　数据科学技术的介绍 ···················· 027

2.1.2　数据科学技术架构的演进 ················ 029

2.2　各个技术分支的简介 ························ 034

2.2.1　数据采集 ······························ 034

2.2.2　数据传输 ······························ 035

2.2.3　数据存储 ······························ 037

2.2.4　数据处理 ······························ 040

2.2.5　数据应用 ······························ 043

2.2.6　基础技术 ······························ 047

2.2.7　数据治理 ······························ 047

2.3　本章小结 ································· 049

参考文献 ····································· 050

第 3 章　数据科学技术方法 ························ 051

3.1　数据科学技术方法概论 ···················· 053

3.1.1　数据分析及挖掘技术整体概论 ············ 053

3.1.2　数据统计分析方法介绍 ·················· 054

3.1.3　基于机器学习的数据科学技术方法 ········ 055

3.1.4　模型评估与选择 ························ 059

3.2　数据统计分析 ····························· 061

3.2.1　数据分布特征的度量 ···················· 061

3.2.2　参数估计 ······························ 062

3.2.3　假设检验 ······························ 066

3.2.4　方差分析 ······························ 068

3.2.5　回归分析 ······························ 070

3.3　分类技术 ································· 071

3.3.1　分类技术的基本概念 ···················· 071

3.3.2　基于最近邻的分类 ······················ 072

3.3.3　人工神经网络 ·························· 075

3.3.4 支持向量机 ··· 078

3.3.5 组合分类方法 ··· 080

3.4 聚类分析 ·· 083

3.4.1 聚类分析的定义 ·· 083

3.4.2 相似性度量方法 ·· 084

3.4.3 划分方法 ··· 088

3.4.4 层次方法 ··· 091

3.4.5 基于密度的方法 ·· 093

3.4.6 聚类评估 ··· 095

3.4.7 聚类技术应用案例 ·· 099

3.5 本章小结 ·· 102

参考文献 ·· 102

第4章 数据科学的应用 ·· 107

4.1 推荐算法 ·· 109

4.1.1 推荐算法的发展与现状 ···································· 109

4.1.2 推荐算法的应用 ·· 110

4.1.3 推荐系统的核心步骤与常用特征 ···························· 113

4.1.4 协同过滤 ··· 114

4.1.5 基于内容的推荐 ·· 118

4.1.6 基于模型的推荐 ·· 123

4.1.7 混合推荐 ··· 124

4.1.8 推荐算法的应用案例 ······································ 127

4.2 数据科学与智慧医疗 ·· 129

4.2.1 基本概念 ··· 129

4.2.2 发展现状 ··· 131

4.2.3 当前挑战 ··· 135

4.2.4 应用场景 ··· 137

4.2.5 典型案例 ··· 140

4.3 数据科学与电子商务 ·· 142

4.3.1 电子商务发展现状思考 ···································· 142

4.3.2 电子商务数据分析 ·· 144

    4.3.3 案例介绍 ·· 154

  4.4 数据科学与专利分析 ··· 159
    4.4.1 专利分析概念 ·· 159
    4.4.2 数据趋势分析 ·· 163
    4.4.3 数据构成分析 ·· 166
    4.4.4 数据排序分析 ·· 169
    4.4.5 数据关联分析 ·· 172

  4.5 本章小结 ··· 175

  参考文献 ··· 176

第5章 数据智能创新与创业 ··· 179

  5.1 数据背后的商业价值挖掘 ·· 181
    5.1.1 数据的商业价值 ·· 181
    5.1.2 数据价值挖掘难点及应对 ····································· 183

  5.2 数据驱动下的创新创业 ·· 184
    5.2.1 数据驱动下的创新创业的内涵与特征 ·························· 184
    5.2.2 数据驱动下的创新创业现状 ··································· 186
    5.2.3 数据驱动下的创新创业机会 ··································· 187
    5.2.4 案例分析：数据驱动下的智能养猪 ···························· 188

  5.3 数据驱动下的技术创新 ·· 191
    5.3.1 数据驱动下的技术创新的内涵与类型 ·························· 191
    5.3.2 数据驱动下的企业商业模式的技术创新 ······················· 192
    5.3.3 数据驱动下的企业技术创新的管理要素 ······················· 194
    5.3.4 案例分析：数据驱动生鲜农产品供应链模式创新 ················ 197

  5.4 本章小结 ··· 201

  参考文献 ··· 202

第6章 数据安全与伦理 ··· 205

  6.1 数据安全和隐私保护 ·· 207
    6.1.1 数据安全和隐私保护的问题 ··································· 207
    6.1.2 典型案例 ·· 208
    6.1.3 数据时代的数据安全与隐私保护 ······························ 210

6.2　数据伦理 ·· 213

　　6.2.1　数据伦理的概念 ································· 214

　　6.2.2　数据伦理问题 ···································· 214

　　6.2.3　典型案例 ··· 217

6.3　数据伦理的管理策略建议 ···························· 219

6.4　本章小结 ··· 222

参考文献 ··· 222

后　记 ·· 225

推荐图书 1 ·· 225

推荐图书 2 ·· 226

推荐图书 3 ·· 226

第1章
数据科学的概念与影响

1.1　数据的基础概念

1.1.1　什么是数据

数据是指记录、描述和识别客观事物的性质、状态以及相互关系的物理符号，例如数字、字母、符号和模拟量等，通过有意义的组合来表达现实中某个客观事物的特征。以二进制表示的 0 和 1 为例，通过不同的组合，可以描述现实中人们可理解的十进制数字、字母、图形和影像等。

数据可以被度量、收集、处理、分析和传播，还可以表示人类行为特征与社会关系。在电子商务与社交媒体领域，用户的数据包括基本属性、社会属性、行为习惯（王仁武等，2019）、兴趣偏好与心理学属性等（见图 1-1）。通过分析用户数据，可以获得用户价值和制定相应的营销对策。

基本属性	社会属性	行为习惯	兴趣偏好	心理学属性
性别 **婚姻状态** **星座** **年龄段** 初中/初三/ 高中/高三/ 大学/大三/大四 **学历** **收入水平** **信仰** **健康情况** 家有患病 疾患种类 ……	**行业/职业** **职务/职级** 工程师/管理者…… **孩子状态** 无/孕妇/婴儿/幼儿/ 儿童 **车辆使用情况** 学车/买车/有车/卖 车 **房屋居住** 租房/自有房/还贷中 **手机（价位/品牌）** **移动运营商** 品牌、网络（4G/5G） 流量特点（高/中）	**常住城市** **作息时间** **交通方式** 日常（开车/地铁/公 交） 出行（货车/飞机/自 驾） **居住酒店类型** 经济型/中档/高档 **经济/理财特性** 股民/基民/银行/保险 **餐饮习惯** 自主烹饪/外卖/品牌 **网购特性** 品牌（服装/化妆品） 方式（海淘……）	**购物偏好** 品类/品牌 商品属性 **浏览偏好** 类型 电视剧/电影 **音乐偏好** 类型/歌手/歌星 **体育偏好** 足球/篮球…… **游戏偏好** 休闲 **旅游偏好** 跟团/自驾/穷游 国内游/国外游	**生活方式** 作息规律 爱打扮 注重健康 喜欢绿色食品 …… **个性** 小清新，文艺青年/ 爱尝试，性格外向/ 爱炫耀，特立独行 **价值观** 崇尚自然/勇于冒险 关注性价比 关注品质/喜欢大牌

图 1-1　社交网络用户数据（何明，2020）

1.1.2　数据结构模式

数据可以依据其结构模式分为三类：

(1)结构化数据

结构化数据以二维表的形式存储，二维表是具有行与列数据的表格。结构化数据通常存储在关系型数据库中，如客户关系数据库、学籍数据库、课程数据库、成绩数据库等。

(2)半结构化数据

半结构化数据有明确的数据框架，但不符合关系型数据库的存储要求，相当于弱化的结构化数据。半结构化数据通常以可扩展标记语言(XML)或 JS 对象简谱(JSON)格式存储。

(3)非结构化数据

非结构化数据没有固定的结构模式。随着信息时代的发展，非结构化数据占全体数据的比例越来越高，常见的非结构化数据有订单、门户网站或移动终端等产生的文本、语音、视频、图形和图像等。

1.1.3　数据的价值

随着物联网、云计算和人工智能等信息技术的发展，人们产生的数据在急剧增长。目前，全球产生的数据已达到了 ZB 级别，世界各个地区的人通过互联网联系交流，甚至连物品也可以联网产生日志数据，射频识别技术(RFID)条形码扫描器数量急剧增加，数据的上传与下载规模不断扩大……企业家与学者们纷纷表示，信息相当于 21 世纪的石油。这些海量的数据有着规模大(Volume)、类型多(Variety)、流转快(Velocity)、价值密度低(Value)、真实性(Veracity)的特点(Emani et al. , 2015；Hariri, Fredericks & Bowers, 2019)。

原始数据经过解释后会产生相对有用的信息。经过不同人解释的数据，会形成不同的信息。同样，信息对不同人而言有用程度是不一样的。基于同一份原始的运营数据，不同的运营团队或者增长团队会得出不同的分析结果。同一份数据分析结果对产品团队和技术团队的用处是不一样的。另外，一个时间如"1999 年 11 月 10 日"，对大部分人而言只是一个普通的时间，这是数据；而对某些人而言，可能是好朋友的生日，这就是信息。

知识是经过整合、提炼和加工的信息，代表着对信息规律的探索和归纳，智慧则是对知识体系的综合运用（见图 1-2）。2019 年中国大数据应用发展报告总结出一套面向政府管理的大数据管理成熟度模型及指标体系（Big Data Management Maturity Index for Government，DMMI），DMMI 通过 5 个一级指标，12 个二级指标和 26 个监测点对不同地市级行政区域的大数据管理、相关产业与数字经济相关数据进行评估，最终判断不同地市级行政区域是处于单体应用阶段、集成应用阶段还是深度融合阶段。可见，通过归纳出的模式、趋势、事实、关系和模型等知识和智慧，数据挖掘可以帮助我们更好地决策与预测未来。

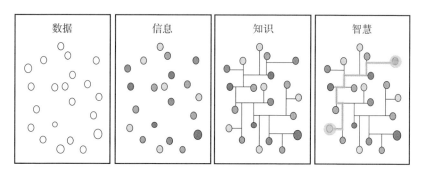

图 1-2　数据—信息—知识—智慧（Gapingvoid，2019）

1.2　数据科学发展历程

数据科学的发展历程如图 1-3 所示。在发展初期，数据科学一直被模糊地定义为各学科的代名词。约翰·图基（John Tukey）在 1962 年提出了一个新领域——"数据分析"，这与当今的数据科学含义非常相像（Donoho，2017）。此后，在蒙彼利埃第二大学于 1992 年举办的一次统计学论坛中，参会者一致认为一门新兴的学科正在兴起。这门学科关注不同来源与多维度的数据，并将已有的统计学知识和数据分析处理技术的概念与数据结合起来（Escoufier，Hayashi & Fichet，1995；Murtagh & Devlin，2018）。

1974 年，"数据科学"作为专业术语首次被提出，1996 年，国际船级社协会（International Association of Classification Societies）第一次将数据科学作为一个会议主题（Cao，2017），然而数据科学的含义依然没有被明确定义。1997 年，美籍华裔统计学家吴建福（C. F. Jeff Wu）提出，统计学应该

被重新命名为数据科学，目的是帮助统计学摆脱不精确的刻板印象，比如成为会计学的代名词，或者被局限于仅仅是定义数据的学科（Wu，1997）。1998 年，林知己夫（Chikio Hayashi）提出数据学科应该是一门跨学科的融合了数据设计、收集和分析的新概念（Murtagh & Devlin，2018）。

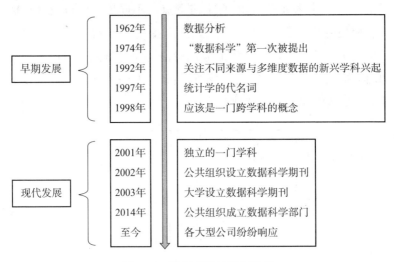

图 1-3　数据科学的发展历程

　　直到 21 世纪，数据科学的概念逐渐发展起来。2001 年，威廉·S. 克里夫兰（William S. Cleveland）第一次提出将数据科学作为一门独立的学科（Gil，2013）。他提出统计学需要扩展，即超越理论并应用到技术领域，这会极大地改变这个领域，因此值得一个新的命名。在接下来的时间里，"数据科学"一词被广泛地使用。2002 年，科学技术数据委员会（Commitleeon Data for Science and Technology）创办了数据科学杂志 *Data Science Journal*[①]。2003 年，中国人民大学创办了 Journal of Data Science[②]。2014 年，美国统计协会（American Statistical Association）旗下的统计学习与数据挖掘部门重新命名为统计学习与数据科学部门。近十几年中，业界的大型公司纷纷设立了自己的数据科学部门，越来越多的人从事数据科学工作，反映并推动了数据科学的发展（Talley，2016）。

---

① https：//datascience. codata. org/
② https：//jds-online. org/journal/JDS/information/about-Journal.

1.3　什么是数据科学

1.3.1　数据科学的概念

总的来说，数据科学就是运用数理统计、人工智能以及某些领域的经验，从各种结构化数据、半结构化数据以及非结构化数据中发现知识与智慧的跨领域学科。如图 1-4 所示，在实际应用中，数据科学与云计算、数据工程、黑客思维等知识密切相关（Dhar，2013；Leek，2013）。

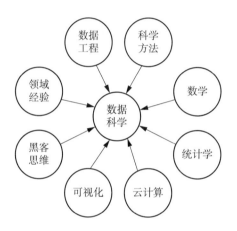

图 1-4　数据科学的概念

科学家把思考问题的逻辑方式称为范式。在人类文明的最早时期，人们只能依靠经验来处理问题，称为科学第一范式：实验科学。为了避免自然环境的影响，人们通过实验设计与演算获得各种理论，称为科学第二范式：归纳总结。当计算机技术不断发展，科学家运用计算机来模拟更复杂的环境，称为科学第三范式：计算机仿真。随着数据大爆炸时代的到来，计算机从模拟仿真转向利用海量数据进行挖掘分析。目前，数据科学对科学研究与社会生活的发展越来越重要。图灵奖获得者詹姆斯·尼古拉·格雷（Jim Gray）将其称为科学第四范式，即从现实生活中收集海量数据并推动研究发展（Bell，Hey & Szalay，2009；Tansley & Tolle，2019）。

1.3.2　数据科学使用的方法

数据科学是涉及统计学、计算机科学、机器学习的交叉学科。从机器

学习角度看，其方法可分为：有监督学习、半监督学习和无监督学习。本小节所列方法为数据科学的常用经典方法（见图1-5），划分并非绝对化。

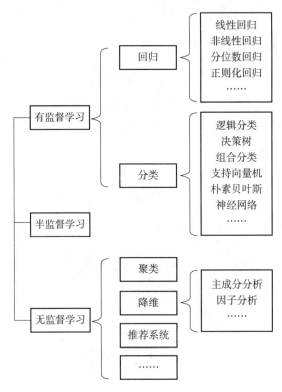

图1-5 数据科学的常用方法（方匡南，2018）

有监督学习包含 N 组以$\{(x_1, y_1), (x_2, y_2), (x_3, y_3), \cdots, (x_n, y_n)\}$形式表达的训练数据，其中 x_i 是第 i 个样例，y_i 是它的标签。根据训练数据需要寻找到一个从 X 映射到 Y 的 f 函数，其中 X 是输入空间，Y 是输出空间，函数 f 是 G 个可能函数集合中的一个元素，通常称为假设空间（hypothesis space）。

在进行有监督学习时，首先，需要判断训练数据的类型。数据科学家在进行数据分析时，需要选择适合作为训练集的数据，例如数值型数据、字符型数据、字符串等。随后，数据科学家需要收集训练集数据。训练集数据需要真实地反映现实世界，并且能够有代表性地反映现实世界。在收集时，也需要对响应输出的数据进行收集，输出的数据可以是测量得出的，也可以是通过经验得出的。其次，输入的数据被转换成一个特征向量，通过一定的准则和方法将数据分为训练集和验证集。数据科学家需要根据数据是连续的还是离散的，选择相应的回归或者分类等学习算法。其中，回归方法包括线性回归、非线性回归、分位数回归、正则化回归等，分类方法包括逻辑分类、决策树、组合分类（如随机森林等）、支持向量机、朴素贝叶斯和神经网络等。最后，利用验证集来评估学习到的函数。

无监督学习与有监督学习相反，有监督学习通常有已经标记的输出值，即标签，而无监督学习只有输入值，在现实世界中没有标记的相应输出值，即没有对应的标签。无监督学习的方法主要包含聚类和降维分析。聚类是将带有共同属性的特征组合或划分到一起，常见的聚类有 K-means 聚类等。降维则包括主成分分析（Principal Componentsanalysis，PCA）和因子分析等方法。

半监督学习处于有监督学习和无监督学习之间，在训练时既包含一部分有标签的数据，也包含大量没有标签的数据。例如，某大型互联网企业有 10 万名用户的信息，其中已经给 5 万名用户推送了优惠信息，已知有 3.5 万名用户产生了购买行为，1.5 万名用户没有产生购买行为。那么对于剩下的 5 万名用户，企业推送优惠信息后，他们是否会产生购买行为是未知的。在建模时，综合利用已推送优惠信息的 5 万名用户的信息和剩下的 5 万名用户的信息，可以预测剩余用户的购买行为，以及检验该企业优惠信息制定的有效性，这就是无监督学习。

1.3.3　数据科学使用的工具

数据科学任务中可使用的工具较多，从功能来说可以分为数据采集工具、开源数据工具、数据可视化工具、情感分析工具和数据库等。数据采集工具有八爪鱼、Content Grabber、ParseHub 等；开源数据工具有 Rapid-Miner、MATLAB、OpenRefine、KNIME 等；数据可视化工具有 Tableau、Power BI、Solver 等；情感分析工具有 HubSpot's Service Hub、Semantria、Trackur 等；数据库有 Oracle、PostgreSQL、Airtable、MariaDB 等。本节主要介绍以下几个常用的分析工具：

（1）RapidMiner

RapidMiner[①] 在 2006 年首次发行，是一款数据科学、机器学习和预测分析领域的集成的跨操作系统的软件（见图 1-6、图 1-7）。它可以用于商

---

① RapidMiner，https：//rapidminer.com.

业、教育、快速原型设计和产品迭代，并且支持机器学习全过程，包括数据准备、结果可视化和优化等。

图 1-6　RapidMiner Studio 工作表界面（RapidMiner，2020）

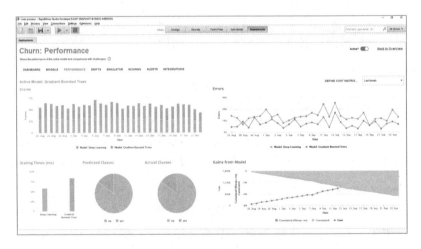

图 1-7　RapidMiner Studio 可视化界面（RapidMiner，2020）

RapidMiner 通过软件提供模板框架，用户可以在不用编写代码、尽量避免错误的情况下，快速分析数据，因此，RapidMiner 可以提供 99% 的高级数据分析解决方案（David，2013）。RapidMiner 提供数据提取、数据转换和数据转载（ETL）、数据预处理、数据可视化、预测分析、统计建模、评估和开发全过程。RapidMiner 提供图形用户界面给用户设计和规划分析工作流，这些工作流在 RapidMiner 中称为"过程"，且包含大量的操作按钮。目前，RapidMiner 已发布 6 款产品，分别是 RapidMiner Studio（支持可视化工作流和全自动操作），RapidMiner Auto Model，RapidMiner Turbo Rrep，RapidMiner Go，RapidMiner Server 以及 RapidMiner Radoop。

（2）MATLAB

MATLAB[①] 由美国公司 The MathWorks 研发（见图 1-8）。MATLAB 被许多工程师和科学家使用，主要用来进行数学运算，改进算法以及开发系统。基于其强大的编程语言，人们可以直接用 MATLAB 来进行数组和矩阵运算。同时，MATLAB 提供了大量工具箱，满足从信号与图像处理、控制系统、无线通信和经济运行计算，到机器人设计、深度学习和人工智能各领域的需求。

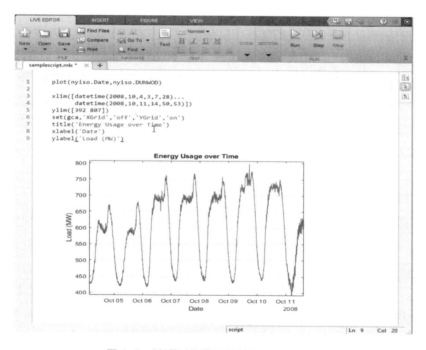

图 1-8　MATLAB 界面（MATLAB，2020）

MATLAB 可以应用到气候学、维修预测、医药研究和经济等领域。MATLAB 为工程师和科学家主要提供以下服务：

①专门为工程和科学研究数据设计的数据结构函数库和数据预处理

---

① Matlab，https：//www.mathworks.com/products/matlab.html.

能力。

②高度的可交互和定制化的可视化操作。

③内嵌上千种统计分析、机器学习和信号处理的函数。

④大量专业的记录文档与说明书。

⑤简单的编程语言与高速的处理性能。

⑥自动打包分析结果，无须人力操作。

（3）Tableau

Tableau①是一款热门的商用数据分析与可视化工具。其工作表与 Excel 类似，可以在 Excel 中处理数据再导入 Tableau，或直接在 Tableau 中对数据进行预处理。

Tableau 操作十分简单，通过拖拽维度与属性到行和列，可以快速汇总数据，生成一系列图表。此外，Tableau 内嵌的"智能推荐"功能，能够帮助用户快速拖拽相应数量的维度和度量指标，生成各种图形，例如文本表格、世界或个别地区的地图、单个或并排的柱状图、离散或连续的折线图、离散或连续的面积图、散点图、甘特图、热图、堆叠图、圆视图、直方图、靶心图、凸显表、饼状图、双组合图、箱线图与词云图等。另外，如果想生成某种特定的图，Tableau"智能推荐"还会提示用户选择多少个维度或者属性。

1.3.4　数据科学使用的语言

数据科学使用的编程语言主要有 Python、R 语言、Julia、MATLAB 语言等，用户根据实际任务领域和工作需求而选择，本小节介绍两种常见的数据科学语言：

（1）Python 语言

Python 语言由荷兰计算机程序设计师吉多·范罗苏姆（Guido van Rossum）在 1991 年开发（见图 1-9）。Python 的功能十分强大，可以作为开发应用程序的计算机网络服务器语言，可以与软件配套创建工作流，可以与数据库系统连接读写文件，可以用来处理大数据和计算复杂的数学问题，可以用来进行快速原型开发。

Python 经常被称为最方便快捷的语言。除此以外，Python 还有许多

---

① Tableau，https：//www.tableau.com/.

优点：

①Python 可以跨平台使用，如在 Windows，Max，Linux，Raspberry 等系统工作。

②Python 的语法十分简单，与英文语言使用语法相近。

③与其他语言相比，Python 简单的语法规则使得开发者可以用更简洁的代码来进行编程。

④Python 可以在编译器系统上运行，因此代码编写完后很快就能够执行，这有利于快速的原型设计。

⑤Python 语言可以用过程方式、面向对象方式或函数方式来处理。

综上，在数据科学领域，由于 Python 有着众多的优点，Python 经常为企业程序员所使用。更多有关 Python 的介绍与 Python 语法可以通过阅读官网①与相关图书获取。

```
# Python 3: Simple output (with Unicode)
>>> print("Hello, I'm Python!")
Hello, I'm Python!

# Input, assignment
>>> name = input('What is your name?\n')
>>> print('Hi, %s.' % name)
What is your name?
Python
Hi, Python.
```

图 1-9 Python 语言(Python, 2020)

（2）R 语言

R 语言②是一种统计编程以及可视化语言，由新西兰奥克兰大学的罗斯·伊哈卡（Ross Ihaka）和罗伯特·杰特曼（Robert Gentleman）共同开发。

---

① Python, https：//www.python.org/.

② R, https：//www.r-project.org/.

因为 R 语言与 S 语言十分相似，故 R 语言可以被看作 S 语言的进阶版。目前 R 语言正在逐步替代 S 语言，尽管两者有所不同，但 S 语言上的大部分编程语言也可以在 R 语言的编译系统下运行。

R 语言是一系列数据处理、计算和图形展示工具的集成软件，它包含了许多功能，例如：

①有效的数据处理与存储能力。

②一系列计算数组的处理器，尤其是计算矩阵。

③一系列强大、集成、兼容的用于数据分析的过渡工具。

目前，R 语言已被广泛应用到数据科学研究（见图 1-10），如经济学、农业和生物科学、生物化学、基因和分子生物学、地理科学、环境科学、免疫学和微生物学、数学以及神经系统科学等领域（Tippmann，2015）。

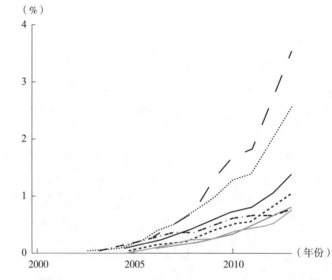

图 1-10　R 语言在科学研究中的引用占比情况（Tippmann，2015）

1.3.5　数据科学使用的架构

数据科学研究需要搭建支持数据密集型任务的软件框架，常见的软件框架有 Apache Hadoop、TensorFlow、Pytorch、Jupyter Notebook 等，本小节介绍常见的 Apache Hadoop 生态架构。

　　Apache Hadoop 的前身为谷歌公司开发的 MapReduce 算法框架(见图 1-11)。在数据爆炸时代，移动互联网、社交媒体平台、新闻期刊、医学治疗、航班信息和网上购物等产生了大量的数据，短短两年内产生的数据就占人类历史上总数据的 90%(Taylor，2010)。传统企业储存数据需要一条一条将数据写入数据库中。对谷歌而言，传统数据存储及处理方式不适用于"海量的"爆炸性增长的、结构复杂的数据。于是，谷歌研发出一套可以同时抽取不同维度数据进行分布式计算的 MapReduce 算法。

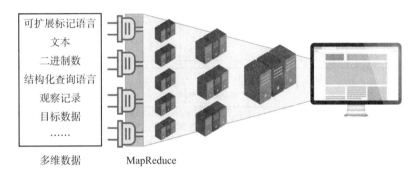

图 1-11　MapReduce 概念图(Yahya，Hegazy & Ezat，
2012；Zhao & Pjesivac，2009)

　　Apache Hadoop(White，2012；Taylor，2010)是一款开源软件框架，包含数据抽取、转换和加载过程，统计分析与预测分析等集成功能(见图 1-12)。它主要根据谷歌公司的分布式计算框架 MapReduce 与雅虎公司的分布式文件系统(Hadoop Distributed File System，HDFS)实现而成，同时也包含许多子项目，如 HBase(分布式数据库)、Hive(搭建在 Hadoop 上的数据仓库)、Spark(内存计算工具)、Flume(日志收集工具)、Sqoop(结构化数据库与 Apache Hadoop 之间的数据提取、转化、加载工具)、Pig(数据分析平台)、Oozie(对系统工作流进行调度安排的工具)、Ambari(集群管理的顶级工具)和 Zookeeper(分布式资源配置和管理工具)等。

　　MapReduce 通过分割应用程序，使每个节点的资源被充分利用起来。HDFS 通过设计分布式文件系统存储在不同节点上的多维数据，给系统带来高宽带。可见，Apache Hadoop 的框架将软件、硬件和数据连接起来，可以支持应用程序提供可靠服务和数据移动，已经被许多用户和开发者使用。

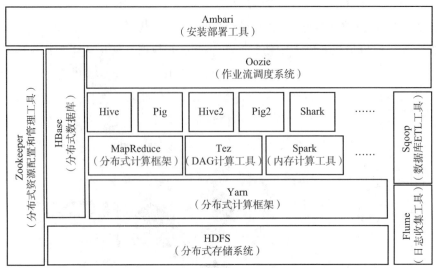

图 1-12　Apache Hadoop 2.0 架构（Bobade，2016；
Uskenbayeva et al.，2015）

1.4　数据科学的影响

1.4.1　变革教育模式

面授课程一直是教育的主要输出方式，近年来，远程教育与网上学习越来越受到学生与教师的重视。中国在线学习平台主要有中国大学 MOOC、优课联盟、哔哩哔哩、网易公开课等。

中国大学 MOOC 拥有包括多所 985、211 高校提供的在线课堂等千种以上免费大型公开在线课程。该平台通过分析目前专业数据与大学生就业趋势上线了与之相适应的在线课程，包括计算机、外语、经济管理、心理学、文史哲、艺术设计、医药卫生、法学、农林园艺等（刘丽敏等，2019）。此外，还根据大学生普遍存在的痛点与深造需求打造了"期末不挂""考研""考证就业""实用英语"等栏目。

新一代的在线学习平台面向全社会开放，会集了大量的求学者和知识分享者，相应地，会有海量数据反馈，这有助于对普遍的学生学习模式进行研究和分析，从而进一步提升教学方式和优化在线课程推荐。平台可以通过发现不同求学者的学习时间，匹配出不同求学者对不同知识点的反馈情况，从而提炼出重难知识点，有助于教师相应安排教学时长与进度。对于考试而言，通过在线测试或者模拟测试，学生可以实时发现自己存在的漏洞，并且与该平台的平均成绩进行比较，判断自己的学习情况。教师可以通过某个知识点学生出错频率的信息，了解不同学生群体对知识点的掌握情况，从而在课程中强化该知识点。由此，教育大数据可以反映出学习活动的普遍规律，使教师和学生更有针对性地教授和学习。

1.4.2　提升医疗服务水平

传统的医疗诊断大部分依靠主治医生的判断。在大数据的背景下，医疗数据如肺部 X 光片等都可以被保存下来，并加以利用。例如，通过肺部 X 光片的海量数据，可以训练出一个分类模型，该模型可以实现以下功能：根据传入照片自动识别、分类，得出预测结果，从而辅助医生做出判断。

这些海量数据还可以与其他多源数据一同分析，找出彼此之间的相关性，从而帮助治疗或预防相关疾病。例如，某个地区的哮喘发病率特别高，居民对当地空气质量颇有微词。技术人员通过采集病人数据，与其他数据源如空气质量信息、交通信息等进行深入分析，可以帮助医生了解病因，从而给予患者更有针对性的治疗，也可以对当地居民做出健康预警。

科学家经常试图在海量的医疗大数据中找到相关性。流感预测是其中一个例子，在社会化媒体中，当"流感""鼻塞""喉咙痛"等关键词大量出现时，就会发布流感预警，提醒相关街区的居民做好保护措施。另外，医疗大数据在研究药物之间的不良反应时也有用武之地。医生可能对药物间的不良反应有所不知，患者也不会向医生反馈，而是自行在网上搜索相关信息，这种数据会成为发现药物间不良反应的工具。因此，医疗大数据可以帮助医生预测病情、辅助诊断、给社区提供疫情预警以及用于医学研究调查。

1.4.3　构建智慧交通

大数据为城市管理能力的提升提供了基础。电信运营商 Orange 和国际商业机器公司（IBM）在交通大数据应用方面提供了一个案例。已知用户拥有具备全球定位系统（GPS）的手机，并允许地图类应用软件使用并分享他

们的位置信息，这样就可以收集大量的数据。传统的改善城市交通的研究往往需要人工实地调研，需要投入较多时间成本和人力成本，因此移动通信服务数据的使用便提供了极大的便利，也让调研数据具备及时性和准确性。

IBM利用用户通信时所创建的位置数据，描绘出一段时间内用户的移动轨迹，并以此优化城市交通网络，对公交车行驶路径进行重新规划，为乘客节省了相当多时间，带来极大的便利。除了用户的移动位置信息，还有常规的摄像头监控，这些共同组成了交通大数据。利用交通大数据可以为城市基础设施建设、红绿灯等待时间、上下班交通拥堵预测、大型活动安全预案等提供数据支撑，从而构建智慧交通（郭昕等，2013）。

1.4.4 发展农业建设

目前的农业大数据平台可以充分利用作物信息、土壤湿度数据、气候变化数据、市场价格变化信息来为农业生产服务，预测种植规模。目前，安徽省司尔特肥业股份有限公司（以下简称司尔特公司）的农业大数据平台的建设已经完成，其土壤养分数据库已积累18万条土壤养分数据，土地流转数据库已有4万条土地流转基本情况数据，种植结构数据库已有10万条种植结构情况数据，农技专家数据库已有1万条农技专家数据，农业气候数据库已有200万条各地气候情况数据。通过这些积累的数据，司尔特公司个性化定制数据库可以提供相应的农技服务，同时又循环积累数据到数据库（见图1-13）。

该平台可以提供：普及农技知识服务；测土服务，实现精准农业生产与提升抵御市场风险的能力；区块信息展示服务，帮助决策者因地制宜制订方案；种植预测和种植方案推荐服务，根据不同土壤信息、气候、市场优惠价格、农药花费等因素给出种植方案。

1.4.5 提升营销价值

用户大数据可以帮助企业构建用户画像，筛选出潜在客户并制定精准营销策略。通过数据挖掘，得出客户与产品数据，可以参考以下流程，建立营销数据库。

对客户而言，标注其人口统计特征、兴趣偏好、行为偏好，得出用户画像；通过对其复购率、客单价和相关信息进行客户价值评级，得出目标

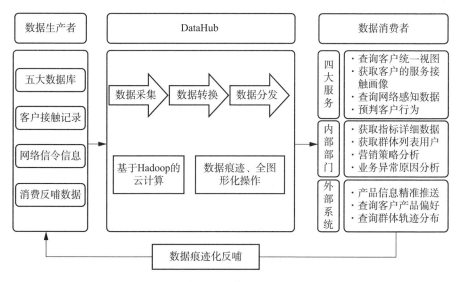

图 1-13　农业大数据分析业务逻辑(陈军君等, 2019)

潜在客户、重点维护客户、发展客户或一般客户等。对产品而言, 记录产品特性, 目标群体与产品价值, 形成产品视图; 通过竞争对手数据进行定价分析和改进策略制定。针对客户接触点和客户联系人, 将产品与客户相匹配, 通过市场活动如促销、品牌宣传等方式触达客户, 实行个性化精准推荐(陈军君等, 2019)。

1.4.6　反馈群体行为特征

根据各电信运营商等互联网服务商提供的数据, 中国信息网络中心在中国互联网络发展状况统计报告中揭示了宏观用户群体在一天内即时通信、短视频、网络直播、网络新闻、网上外卖和网络购物六类应用的使用情况分布。如图 1-14 所示, 网上外卖的使用频率有 2 个高峰, 符合人们的正常饮食习惯。值得注意的是, 2020 年是网络直播的爆发元年, 在一天时间内, 网络直播的使用频率基本随着时间的推移而上升, 在 22 点左右达到顶峰, 这些曲线可反映当代互联网的宏观用户画像。

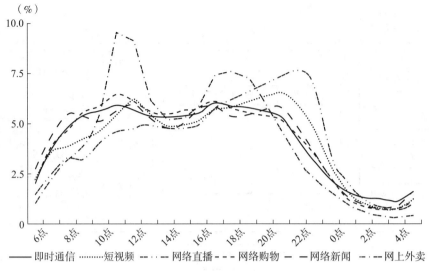

图 1-14　六类互联网应用时段分布（中国信息网络中心，2020）

1.5　数据科学面临的机遇与挑战

1.5.1　海量却无效的数据

数据存储了海量的信息，例如位置信息、图片信息、用户浏览记录、某路口车流量等，然而存储的数据并不都是有用的。企业为了从海量的数据中挖掘有用的信息，需要数据分析师对数据进行分类与分析。数据分析师通常需要花费大量的时间在数据清洗上，而不是在数据分析上（宣敏，2018）。因为海量的信息泥沙俱下，需要仔细鉴别与筛选。因此，对海量数据进行分类和分析，从而找到有用的数据是企业大数据面临的一大挑战。

为了解决这个问题，企业通常需要高薪聘请数据分析师或长期训练企业内的员工，去处理各式各样的海量数据，从而做出预测以辅助未来决策，但这个过程对企业而言是极其花费时间与精力的。大多数企业通常尝试直接让企业内的员工去对海量数据进行分类和分析，这样就有可能导致分析出错误的结果，或者无法分析出想要的结果。

解决以上问题的方式是应用数据分析软件，这样就不需要员工深刻理解如何处理海量的信息（见图 1-15）。然而，尽管有了数据分析软件，数据的质量也会为分析带来困难。为了解决这个问题，存储数据的架构必须已经有逻辑地将数据分类，这样海量的数据才能转换成软件可以理解并处理的数据，目前而言，这还是大数据面临的一大挑战。

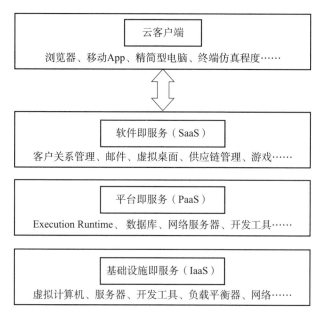

图 1-15　云计算(Tole，2013)

1.5.2　数据共享问题

数据共享是互联网发展带来的产物，也是推动知识进步的桥梁。在网络上，只要"百度一下，你就知道"，仅仅通过搜索浏览器便可以获取大量的信息。然而，数据获取的前提是数据共享。对个人而言，他们有权决定信息是"仅自己可见"，还是"设置为所有人可见"，这取决于他们所使用的服务或信息披露的目的。

对企业而言，数据共享也是不可避免的一个挑战，这体现了博弈论的思想。大多数企业都不会共享自己的大数据仓库，因为这与它们自己的竞争力和客户信息敏感性有关。假如某家企业公开了自己的数据库，其他不进行数据共享的企业就可以获取比该企业更多的数据，从此分析得到更精确的结果，更有利于自身企业进行决策。因此，假设某企业共享了它所了解的近期市场情况、潜在的客户信息和未来战略，它就有极大可能需要关注目前的发展和目前的客户。

所有实体都共享它们的大数据似乎是不可能的事情，每个人都可以利用某家企业公开的透明信息。数据的共享解决了信息孤岛问题，有助于个人、企业和社会协同发展。如何构建更合适的共享机制，让各类大数据之间的共享变得常态化与标准化，是目前大数据面临的挑战之一（Tole，2013）。

1.6　本章小结

本章主要介绍了数据的概念、数据结构类型、数据的价值等数据科学的基础知识，描述了数据科学的发展历程。此外，本章对数据科学的定义、方法、工具、语言和框架做了详细的介绍。最后，本章从教育、医疗、交通、农业、营销、用户行为特征等方面展开说明数据科学对现实生活的影响，以及从海量数据的无效性与数据共享问题提及数据科学目前面临的机遇与挑战。

参 考 文 献

［1］陈军君，吴红星，端木凌. 中国大数据应用发展报告［M］. 北京：社会科学文献出版社，2019.

［2］方匡南. 数据科学［M］. 北京：电子工业出版社，2018.

［3］郭昕，孟晔. 大数据的力量［M］. 北京：机械工业出版社，2013.

［4］何明. 大数据导论：大数据思维与创新应用［M］. 北京：电子工业出版社，2020.

［5］刘丽敏，郝丽媛. "金课"视阈下高校思想政治理论课的慕课教学改革及其深化［J］. 学校党建与思想教育，2019（7）：56-58.

［6］王仁武，张文慧. 学术用户画像的行为与兴趣标签构建与应用［J］. 现代情报，2019，39（9）：54-63.

［7］宣敏. 对大数据时代下计算机信息处理技术的探析［J］. 电脑知识与技术，2018（8）：239-240+245.

［8］中国信息网络中心. 第46次中国互联网络发展状况统计报告［EB/OL］.［2020-09-29］. http://www.cac.gov.cn/2020-09/29/c_ 1602939918747816. htm.

［9］BELL, G. , HEY, T. , SZALAY, A. Beyond the data deluge［J］. Science, 2009, 323（5919）：1297-1298.

［10］BOBADE，V. B. Survey paper on big data and hadoop［J］. International Research Journal of Engineering and Technology（IRJET），2016，3（1）：861-863.

［11］CAO，L. Data science：a comprehensive overview［J］. ACM Computing Surveys（CSUR），2017，50（3）：1-42.

［12］DHAR，V. Data science and prediction［J］. Communications of the ACM，2013，56（12）：64-73.

［13］DONOHO，D. 50 years of data science［J］. Journal of Computational and Graphical Statistics，2017，26（4）：745-766.

［14］EMANI，C. K.，CULLOT，N.，NICOLLE，C. Understandable big data：a survey［J］. Computer science review，2015（17）：70-81.

［15］ESCOUFIER，Y.，HAYASHI，C.，FICHET，B. . Data Science and Its Applications［M］. Academic Press/Harcourt Brace，1995.

［16］GAPINGVOID. Want to know how to turn change into a movement？［EB/OL］［2019-03-15］. https：//www. gapingvoid. com/blog/2019/03/05/want-to-know-how-to-turn-change-into-a-movement/.

［17］GIL PRESS. A Very Short History of Data Science［EB/OL］. http：//www. forbes. com/sites/gilpress/2013/05/28/a-very-short-history-of-data-science/61ae3ebb69fd.

［18］HARIRI，R. H.，FREDERICKS，E. M.，BOWERS，K. M. Uncertainty in big data analytics：survey，opportunities，and challenges［J］. Journal of Big Data，2019，6（1）：44.

［19］LEEK，J. The key word in"data science"is not data，it is science. Simply Statistics，2013（12）.

［20］MATLAB. MATLAB for Data Analysis Explore，model，and visualize data［EB/OL］. Retrieved from https：//www. mathworks. com/solutions/data-analysis. html.

［21］MURTAGH，F.，DEVLIN，K. The Development of Data Science：Implications for Education，Employment，Research，and the Data Revolution for Sustainable Development［J］. Big Data and Cognitive Computing，2018，2（2）：14.

［22］PYTHON. Functions Defined［EB/OL］. https：//www. python. org/.

［23］RAPIDMINER. RapidMiner Studio，Comprehensive data science platform with visual workflow design and full automation［EB/OL］. https：//rapidminer. com/products/studio/.

［24］TALLEY，JILL. ASA Expands Scope，Outreach to Foster Growth，Collab-

oration in Data Science. Amstat News. American Statistical Association.

[25]TANSLEY, S. , TOLLE, K. The fourth paradigm: data-intensive scientific discovery(Vol. 1). T. Hey(Ed.). Redmond, WA: Microsoft research, 2019.

[26]TAYLOR, R. C. (2010, December). An overview of the Hadoop/MapReduce/HBase framework and its current applications in bioinformatics. In BMC bioinformatics(Vol. 11, No. S12, p. S1). BioMed Central.

[27] TIPPMANN, S. Programming tools: Adventures with R [J]. Nature News, 2015, 517(7532): 109.

[28]TOLE, A. A. Big data challenges[J]. Database systems journal, 2013, 4 (3): 31−40.

[29]USKENBAYEVA, R. , et al. Integrating of data using the Hadoop and R [J]. Procedia computer science, 2015(56): 145−149.

[30] WHITE, T. (2012). Hadoop: The definitive guide. "O'Reilly Media, Inc. ".

[31] WU, J. (1997). Statistics = Data Science? Retrieved from http: // www2. isye. gatech. edu/~jeffwu/presentations/datascience. pdf.

[32]YAHYA, O. , HEGAZY, O. , EZAT, E. (2012). An efficient implementation of a−priori algorithm based on hadoop−MapReduce model. International Journal of Reviews in Computing, 12.

[33] ZHAO, J. , PJESIVAC−GRBOVIC, J. (2009). MapReduce: The programming model and practice.

第2章

数据科学基础

2.1　数据科学技术的整体概览

2.1.1　数据科学技术的介绍

数据科学是什么？朝乐门等（2018）给出了这样的定义：数据科学是以揭示数据时代尤其是大数据时代新的挑战、机会、思维和模式为研究目的，由大数据时代新出现的理论、方法、模型、技术、平台、工具、应用和最佳实践组成的一整套知识体系。

领域专家德鲁·康威（Drew Conway）在对数据科学的研究中，发明了数据科学维恩图（朝乐门等，2018）（见图 2-1）。从图 2-1 可以看到，数据科学的基础由方方面面的领域知识组成，它是黑客精神与技能、机器学习、数学与统计知识、传统研究、领域实务知识、危险区域等六个领域知识的交叉之处，是一门交叉型新兴学科。这些在数据科学研究以外的领域知识，可以作为数据科学的理论来源。多个不同领域知识的交叉，使得数据不仅得到理论化的科学解释，也能从其他领域的角度来借鉴学习，从而实现科学的数据管理。

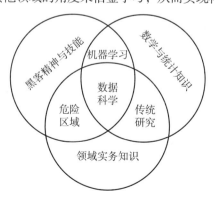

图 2-1　数据科学维恩图

数据科学的知识体系主要涉及基础理论知识、数据加工、数据计算、数据管理、数据分析和数据产品开发六大模块(朝乐门,2017)。在该知识体系中,数据科学的理念、概论、方法、技术、工具都围绕着数据科学知识体系六大模块进行(见图2-2)。

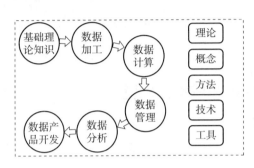

图2-2　数据科学知识体系

数据科学中常见的基础理论知识有传统科学、数据科学、统计学、数学、计算机、数据可视化以及数据科学、数据库原理等。这些领域的知识,在数据处理、数据分析、数据计算等数据科学管理步骤中起到理论基础的作用,指导着这些步骤的进行。比如,统计学领域的知识,包括数据集中趋势、图形显示、概率抽样方法、中心极限定理等,在数据采集阶段,数据的概率抽样方法指导着数据的采集方式和手段;在数据处理阶段,数据的图形显示、集中趋势又可以帮助用户清晰地看出数据的形态和趋势,帮助用户提取数据的价值,挖掘数据背后的信息。

在这套知识体系中,数据科学技术是一个很重要的组成部分,它奠定了数据科学发展的基础,同时又是数据科学发展的动力。数据科学技术,就是能够管理大规模的数据,并能从数据中高效且快速地获取有效信息的技术,它是第四次工业革命中具有代表性的新技术。目前数据科学领域公认的数据科学技术包括大数据管理的生命周期的整个过程,比如数据的采集、分析、计算、挖掘、应用等的技术,涉及多种多样的主流计算机技术(见图2-3)。

那么用途丰富的数据科学技术又有什么特点呢?

(1)能处理比较大的数据量

麦肯锡对于"大数据"的定义是:区别于传统的数据库,在数据的采集、获取、处理、管理、分析等方面都有独特的优越性的数据集合,具有

图 2-3　大数据热门技术

4V 特征，即 Volume（规模大）、Velocity（流转快）、Variety（类型多）和 Value（价值密度低）（Manyika，2011）（见图 2-4）。其中，大规模的数据集常被定义为超过 10TB 的数据集合。

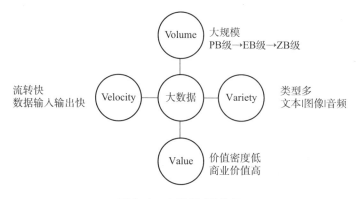

图 2-4　大数据 4V 特征

（2）能够处理多种多样的数据

数据处理的对象不局限于简单类型的数据，也有很多复杂类型的数据，常见的复杂类型的数据有文字、图形、声音等数据（潘涛，2016）。

（3）数据科学的数据价值密度低，但价值很高

数据的密度高低与规模的大小成反比，数据科学中管理的数据规模较大，价值密度比较低。当无法在有限的时间里探究数据背后的信息内容时，可以通过数据科学的相关技术，比如数据挖掘、数据分析等，快速且高效地将数据信息的深刻含义挖掘出来，并将其利用到决策优化或者监控预警等用途中。

2.1.2　数据科学技术架构的演进

数据科学技术跟传统的数据库技术是有一定区别的，数据科学技术是在传统数据库学科分支（数据仓库和数据挖掘）的基础上，融入新发展的信

息技术发展起来的，两者有许多不同，比如数据采集的方式不同、数据储存的技术不同、数据分析的方法不同、数据处理的观念不同。

数据科学技术由多个领域构成，它的发展演进也是不同方面的技术逐步发展，最终形成完善的数据科学技术框架。数据科学技术的核心技术包括数据采集、数据存储、数据处理。接下来简单看一下核心技术的演进。

（1）数据采集

首先，数据采集方式的质变深深影响了大数据的产生。传统的数据采集是以人工的方式采集数据，比如调查人员上街向群众发放调查问卷，收集需要的数据信息，这种方式最大的特点是手动输入数据。人工采集数据在当时是仅有的数据采集方式，但在现在看来，人工采集数据的弊端很多：一是采集的数据量太少，无法对需要研究的事物做出全面的了解；二是人工采集数据带有一定的主观性，容易导致信息采集的准确度欠佳。

其次，目前数据采集的方式多种多样，常见的有以下几种方式：采集自有数据的爬虫爬取、用户留存或者用户上传等方式；也有采集外部数据的互联网数据共享和数据交易等方式（见图2-5）。这些数据采集的方式不需要通过人来手工收集，是智能化手段，通过服务器、计算机等设备和网络之间的端口或者传输接口进行采集。

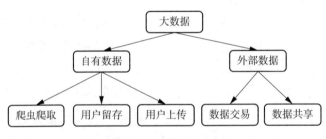

图2-5 数据采集方式

最后，现代化数据科学技术的数据采集类型多种多样。传统数据处理更加关心数据对象的信息获取，比如数据对象的描述、重要属性等，而如今的大数据技术采集的数据包括方方面面的信息，不仅有关于研究对象的描述，还有对数据收集过程的记录，比如加入时间、地点等不是特别重要的属性，这样的数据记录是一个过程。将整个过程的信息记录下来，不仅可以了解对象，还可以分析对象，有助于挖掘用户对象的深层次行为，发挥非表象信息的价值。

（2）数据存储

最早的数据管理应是属于人工管理阶段的人工结绳记事（梅宏，2019）（见图 2-6）。远古时代的人类，为了记载一些重要的信息，就会在绳子上系上大小不一、距离不同的结。这种数据记载方式将重大事件和重要信息记录下来，是远古人类的一种重要的数据管理方式。但这种数据管理方式的功能有限，不仅记录的数据量小，而且只能起到记录和获取信息的作用。

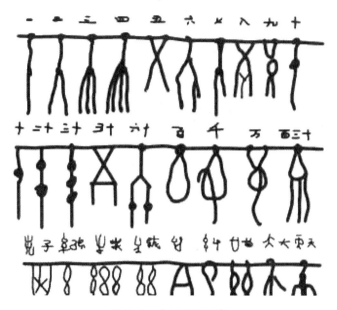

图 2-6　人工结绳记事

后来的商朝出现了一种篆刻的文字——甲骨文，这是在乌龟等动物的骨骼或者器官上篆刻的文字，可以用来记录重要的事件信息。使用甲骨文进行记事，跟结绳记事一样，只能用于少量数据的记录和获取。

纸出现后，人类开始将数据信息记录在纸上，但在人工管理阶段，这些数据信息都是靠人工进行整理和保存的，使用起来很不方便，不便于查询、保存、共享、分析等。

随着计算机的诞生，人类的数据信息存储进入文件系统阶段，在这个

阶段，人们可以使用磁盘①储存数据（见图2-7），以数据文件的形式将数据保存下来，这时候的数据技术已经可以将数据储存量增大到一个可观的程度。文件系统管理，相对于人工管理来说，无论是从数据规模，还是从实用性来看，都方便很多，但是文件系统有一个明显的弊端，那就是保存下来的数据信息难以查询，无法对数据进行利用，数据的价值被掩盖在其中。

图2-7　磁盘

随后出现的数据库系统给数据处理技术带来了很大的帮助。数据库将数据分类储存到不同的表中，使得用户高效快速地查询其中的信息，然后用户就可以对查询到的数据进行处理。数据库系统的出现，不仅将数据储存规模进一步加大，还带来了数据查询的功能。

（3）数据处理

在数据处理方面，数据科学技术随着科技的发展层层递进地发生变化。为了应对传统软件无法处理分析大量数据、挖掘数据中的信息的困境，谷歌首先拉开了数据现代化处理的序幕。在2003年左右，谷歌相继推出了分布式文件系统、分布式计算框架等构想，设想把数据的存储和计算分给大量的廉价计算机去执行，这奠定了大数据处理技术的基础，随后，谷歌发布了非关系型数据库 BigTable 的相关论文，推动了数据科学数据库技术的进步。在这之后，Hadoop 分布式文件系统 HDFS 和 MapReduce 框架出现，这是一个由分布式文件系统和分布式计算框架组成的大数据技术生

---

① 图片来源：https://m.sohu.com/a/353931334_ 362225。

态，孙元浩等学者称之为大数据的 1.0 时代（见图 2-8）。其中，由脸书（Facebook）研发的 Hive，可以配合 HDFS 使用，方便查询数据库的数据。这时 MapReduce 框架在结构化数据的处理中具备高效、高性能的优点，作为主流框架使用。

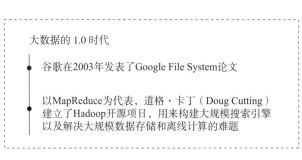

图 2-8　大数据的 1.0 时代

随后，Spark 核心计算引擎诞生，这时内存硬件已经突破成本限制，意味着数据处理技术进入 2.0 时代。这时使用 Spark 进行内存运行的速度极快，比当时运行速度已经很快的 MapReduce、Hadoop 还要快接近 100 倍。以 Spark 和 Flink 为代表的新计算引擎出现并广泛使用。在这个阶段，三个数据科学技术领域发生了重大改变：

①大数据公司的数据业务开始转化为价值密度更高的计算，以 Hadoop 为基础，融合了分布数据库，或者引进 SQL 作为上层引擎。从 2012 年开始，为了应对不断出现的结构化数据的处理难题，出现了 Impala、Spark SQL 等 SQL 引擎。

②从 2015 年开始，为了应对实时数据的处理问题，许多开源技术出现，比如 Beam、Spark Streaming 等。同时为了提供更多的产品功能和数据安全功能，流计算引擎 Slipstream 开始商业化发展之路。

③随着计算机技术的发展，非结构化数据处理相关技术慢慢出现，比如非结构化文档数据处理、图分析技术等。

如今，完整的数据科学技术可以分为七个领域：基础技术、数据采集、数据传输、数据存储、数据处理、数据应用和数据治理。其中，数据采集、数据传输、数据存储、数据处理、数据应用涵盖数据集处理的整个过程，一步步将复杂、"无用"的数据转变成有价值的信息。基础技术和数据治理领域的技术则对这个过程的数据处理进行补充完善，使得数据处理能够顺利、高效地进行。

2.2 各个技术分支的简介

2.2.1 数据采集

在大数据生命周期中，第一个必经的步骤是数据采集。采集的数据可以分为三种类型（见图2-9），这些是比较规范的数据类型，其中非结构化数据的产生，是数据采集技术进步的瓶颈，常见的非结构化数据有音频、图片等，这是数据采集的一个重要的改革点。

图2-9 采集的数据类型

最常见的数据类型是结构化数据和非结构化数据。结构化数据是可以采用二维表的形式，在表中进行逻辑表达和实现的数据。这些二维表大部分是在关系型数据库中进行管理，有严格的数据格式和长度规范要求。与之相反，非结构化数据的存储不适用二维表，可以使用不同的机制进行数据项的管理，比如变长字段、多值字段等。非结构化数据类型多种多样，比如办公文档、HTML、图片、视频等，非结构化数据经常被用于文字检索领域。

目前数据采集技术多种多样，常见的有几种（见图2-10）。

图2-10 常见的数据采集技术

网络数据采集在互联网公司中是一种主流的数据采集方式，系统日志采集也是一种存在于很多互联网企业的采集方式，此外，在工业中，公司常用联网的设备进行数据采集。

系统日志采集使用企业内计算机或者联网设备的系统日志数据，对数据进行采集，比如计算机的数据库、计算机内软件的处理状态、服务器的存储信息等。这些系统日志，一般记录着计算机使用过程中产生的各种问题信息，可以通过记录日志，来找到问题发生的原因。另外，有一种数据是数据平台中积累的数据信息，这种数据常见为流式数据。目前系统日志的埋点多为前端的浏览器打点、客户端埋点，也有后端埋点、无线客户端埋点等。数据采集框架有：基于 Hadoop 的开源数据收集系统 Chukwa、分布式非开源机器数据平台 Splunk Forwarder、高扩展数据采集系统 Apache Flume、可插拔架构 Fluentd、管理日志平台 Logstash 等。

网络数据采集可以简单理解为从网络中将需要的信息采集下来，分为手工和自动。常见的是使用互联网搜索引擎技术，比如可以通过爬虫或者公开应用程序接口（Application Programming Interface，API）技术采集，这个过程是有针对性的，能精准地筛选需要采集的数据，采集后的数据并不是混乱的，而是按照要求进行分类汇总的，最终数据将保存到数据库中。数据的类型包括文字、图片和视频等。采用网络数据采集技术收集数据，可以大大降低在数据采集阶段产生的人工成本，提高效率。常用的爬虫技术有 Nutch、Heritrix、Scrapy、WebCollector。

设备数据采集在工业中很常见，首先与物理设备进行连接，常见的如传感器、探针等（见图 2-11），然后从这些待测设备中获取相关的信号，比如电量、存储量等，获取的信息将会传输到上位机中，再经过一系列的数据操作，就可以得到设备工作的数据信息，这是一种智能化的数据采集方式。

2.2.2　数据传输

数据传输是数据管理系统中很重要的一个部分，它指的是通过一条条数据链路，将数据从一端传到另一端的过程，这个过程实现了两个数据端之间的信息交换，就像人体的各个部位之间用于传输信号的神经，使得对数据精准度要求极高的应用及时、高效地获取数据源中数据变化的信息，完成构建或者更新处理，数据能够实时、快速地进行高效的传输，保证了

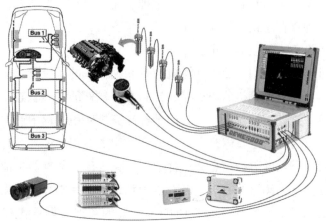

图 2-11　设备数据采集

传输过程的可靠性。数据传输主要包含以下技术。

（1）消息队列

队列是一种数据结构，以先进先出的形式存在。消息队列可以简单理解为：把需要传输的信息放在队列中。涉及大规模分布式系统时，消息队列就作为中间件产品被广泛使用，它可以解决应用耦合问题，以及日志搜集、异步消息等问题，采用消息队列，可以保证数据处理的架构具备高性能、最终一致性等优秀特性。

（2）数据同步

一般意义上的数据同步，即同时执行同样的数据操作，可以理解成不同的储存设备、终端与服务器之间的备份操作。在互联网企业中，ODS（Operational Data Store）数据是指未经业务加工处理的原始层数据，如何将ODS 数据从采集导入建模中的数据仓库中，而且能高效准确地与数据仓库进行同步，是一个重要的环节。

（3）数据订阅

数据订阅是指获取 RDS（Relational Database Service）/DRDS（Distribute Relational Database Service）的实时增量数据的过程，用户根据自己的业务要求来设定需要的数据。当业务的数据源不断发生变化时，变化的过程需要数据订阅实时捕捉，并结合分发系统快速将变化传给需要接入数据变化的下级数据源，这些数据不是混杂的变化数据，而是严格的、有统一标准的数据变化信息。数据订阅常用于以下场景：数据库镜像、缓存更新策略、实时备份等。

（4）序列化

序列化指的是将数据结构或者对象的状态信息转化为一定的形式，这个形式的数据可以存储在文件、内存中或者传输给其他端，序列化后的对象在传输通信流中具备一定的高效性。反序列化与序列化相反，它指的是将序列化的数据经过提取和转变，转化为原来的样子。二者通常用于数据的交换与传输，常用于 XML-RPC、EJB、Web Service 等远程调用技术。数据传输的性能高低会受到序列化的性能大小的影响。

2.2.3　数据存储

数据经过传输后到达各个应用端，数据将被存储下来，或者进行处理。通常大数据储存是指针对海量数据的存储，这里说的数据，可以分成异构数据、结构化数据或者非结构化数据。传统的数据存储往往偏向于使用关系型数据库进行存储的结构化数据。大数据储存技术可以解决这些巨大规模数据的存储问题，并且能够通过优化技术和优化基础的存储设施，提高对存储数据的访问能力，为数据的进一步分析、处理提供技术支持。根据服务器类型，可以将数据存储分为封闭系统的存储和开放系统的存储（见图 2-12）。

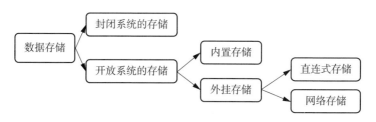

图 2-12　按服务器类型分类的数据存储方式

封闭系统的存储主要指运用大型机进行的存储。开放系统的存储指的是通过安全远程密码协议（Secure Remote Password Protocol，SRP），采用高速的无线宽带（infiniband）网络，将多套电脑服务器连接和组装起来，变成一个系统，这就是开放存储系统。这个系统提升了数据库存储的稳定性和性能，具备一定的扩展性。封闭系统与之不同，常见于大型服务器，如 AS400 和大型机等。开放系统具备高效、实用的优点，目前在磁盘存储市场，外挂存储占据很大的份额，绝大部分用户都采用高效的开放存储系

统，占比高达70%。

存储数据的数据库可以分为关系型数据库和非关系型数据库（见图2-13）。

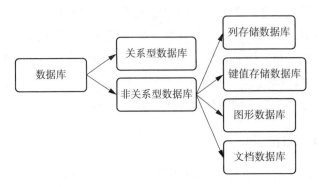

图2-13　数据库分类

关系型数据库里记录的数据是简单的二元数据，即二维表格形式（见图2-14），这是将复杂数据简单化后再进行储存。采用关系型数据库，可以实现数据关联表之间的所有操作，比如表的拆分、合并、链接、获取等，这些对数据关联表的操作，可以完成对数据的处理和管理。目前市场上主流的关系型数据库产品是对数据库和数据库中的数据进行管理的产品，主要有 SQL Server、DB2、Sybase、Access、Oracle、MySQL 等。

学号	姓名	班级	专业
2017040124	张笑	01	信息系统
2017040123	王迪	02	工程技术
2017040122	刘柱	03	土木工程

字段（列）

记录（行）

图2-14　关系型数据库中的二维表格

非关系型数据库舍弃了数据库的关系型特性，采用的是结构化方法，而且是这一类方法的集合，它是相对关系型数据库而言的一类数据库。在之前的大数据处理中，多重数据的集合经常会带来难扩展的问题，而非关系型数据库可以很好地解决这一类问题。目前主流的非关系型数据库有键值存储数据库 Redis、MongoDB、HBase，图形数据库 Neo4j 等，可以用 No-

SQL(Not Only SQL)来指非关系型数据库。非关系型数据库又可以分为以下几种(见图2-15)。

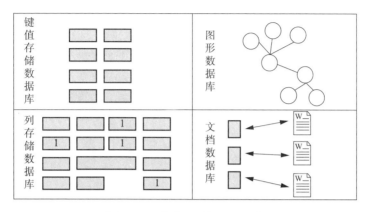

图2-15 非关系型数据库分类

键值存储数据库：这种数据库可以通过一个哈希表，使用键、指针来定位数据，通过键来增、删、改、查数据库，这种方法容易对数据集合进行部署，高性能地管理和处理数据，同时具备高并发的优点，目前主流的键值存储数据库有Memcached、Aerospike、LevelDB、Redis、MemcacheDB、Tair。

列存储数据库：在这种类型的数据库中，数据是存储于列族，什么是列族？简单解释就是关联查询紧密的数据记录，比如对于一个人，可能经常会查询这个人的姓名和联系方式而非兴趣爱好，在这种情况下，可以将姓名和联系方式放在一个列族中，方便查询。这种数据库常常出现在即时查询数据的进程中，在批量数据的管理技术中也有出现。类似地，也有按行的形式存储的行存储数据库，在行存储数据库中，存储空间的分发是一行一行的。在数据规模较大或者业务型互联计算机的数据处理中会使用这种数据库。目前比较先进且完善的列存储数据库有实时分析数据库Druid、高性能数据库Apache Cassandra、开源数据库HBase、高速查询数据库Kudu、可伸缩数据库HyperTable。

图形数据库：从专业上来看，这是一种基于图的数据库，这里说的图，是一种实体、实体与实体之间关系的体现，在图形理论中指的是存储实体与实体之间的关系。其中，实体作为顶点，实体之间的关系作为边，以实体(顶点)和关系(边)来体现数据信息。日常生活中，人与人之间的关

系的信息集合就可以用图形数据库来描述，它可以高效解决复杂度较高的问题。主流的图形数据库有 Titan、AllegroGraph、ArangoDB、Neo4j、InforGrid、OrientDB、MapGraph。

文档数据库：与键值存储数据库稍微有些区别，文档数据库有很多数据单元，这些数据单元是自包含的，可以规定的形式进行存放管理。用户可以建立索引并查询相关的数据，这是版本化的文档数据模型，在查询数据方面具备一定的高效性。目前常见的文档数据库有 CouchDB、OrientDB、MongoDB、MarkLogic。

2.2.4　数据处理

数据处理是数据怎么用的问题，这是数据科学管理过程中很重要的一个环节。传统的数据处理是单一的，比如智能分析、针对特定数据库的数据挖掘、统计分析等，这些数据处理方法已经不适用于当前的业务要求。目前常用的数据处理方式主要有分布式数据库、数据挖掘分析技术、集中与云计算等。对于高维数据来说，数据处理分析有两个主要目的：一是通过发展有效的方法，能够准确地预测未来的观测结果；二是科学地深入了解特征和响应之间的关系（Fan，2014）。大数据处理包括数据预处理、数据分析、数据计算等多个部分。

（1）数据预处理

在主要的业务数据处理之前，可以通过数据预处理对数据进行操作，目前，业内数据分析方面的方法有数据清理、数据集成、数据变换、数据归约等，经过处理后的数据完整性较高，给数据的分析、挖掘、处理、订阅、计算等提供规则化的数据。目前数据预处理的步骤基本如图 2-16 所示。

图 2-16　数据预处理的步骤

首先，对原始数据集进行数据清洗，比如处理属性的缺失值、离群值等，根据实际情况和研究的需求对这些值进行补充或者删除的处理，比如在个人身高调查数据出现不符合实际的身高值 300cm 时，可以根据实际需求，以身高平均值等填充，或者删除这一条身高信息记录。其次，根据算法建模要求，对数据进行数据转换，比如机器学习算法中用到的数值型数据，就需要对非数值型数据进行格式转换，以便后面的数据分析挖掘可以高质量进行。

对于所要研究的内容来说，有时候不需要全盘接受数据的所有特征，有的特征对于研究结果的影响较大，有的特征对于结果的影响较小。为了方便分析，尽可能选择对研究结果影响较大的特征，这就是特征选择的结果。

与特征选择类似的一种方法是特征提取，特征提取是希望能够用较低的维数来反映数据的信息，因此，特征提取对现有的特征进行综合，然后对其进行降维，得到尽可能代表大部分数据信息的低维特征。线性判别分析（Linear Discriminant Analysis，LDA）和 PCA 是常用的特征提取方法。

（2）数据分析

数据的采集主要就是为了通过数据分析来提取重要的数据信息，数据分析即通过一些统计分析方法，将预处理过的数据进行处理、分析、挖掘、消化，以开发数据的潜在价值，提取有用的信息。简单的数据分析是观察数据的结果，从数据的表面获取需要的信息，比如对比分析、象限分析、交叉分析等。目前，业内主流的分析方法有逻辑树法、PEST（Political、Economic、Social、Technological）法、多维度分析法、相关分析法等，通常用在商业数据的分析上。

复杂的数据分析，称作数据挖掘，是指透过数据的表面，从数据学习集中发现潜在的规则，提炼出有价值的信息和知识的过程，并可以运用这些规则对未来进行预测，具有一定的规律性。数据挖掘的对象可以是结构化数据，也可以是图像、文本等非结构化数据。

根据机器的学习方式来分，数据挖掘可以分为有监督学习、半监督学习、无监督学习。有监督学习是指在拥有既定标记的情况下，通过对训练样本的训练得到一个符合规律的训练模型，然后将输入映射到相应的输出，通过对训练模型的输出和训练样本的符合性进行判断，来实现预测新的实例和分类的目的。为了实现建模的准确性，样本数据会被标签化，即被一一标注相关信息。比如在小时候，当你看到动物的图像被告知，这是猪，那是牛，脑中对于动物的认知模型就会逐渐建立起来，以后遇到猪和牛时，你就可以做出判断了。

常见的有监督学习算法有以下几种：

①分类算法。

为了对新的数据集进行划分，需要对数据集进行分类。这里用作分类的数据集，可以分为特征向量和对应的标签向量，特征向量用 X 来指代，对应的标签向量用 Y 来指代。使用样本数据集进行训练，得到一个分类器，然后就可以对未知的样本进行分类，最终得到离散的结果。常见的分类算法有逻辑回归、支持向量机、朴素贝叶斯、决策树、K-近邻、基于关联规则、神经网络。

②回归算法。

回归的映射模式是具有严格性的，在给出一堆自变量 X 和因变量 Y 后，运用工具来拟合出一个函数，其中有作为特征向量的 X 与作为标签向量的 Y，Y 是连续可变的标签值。常见的回归算法有线性回归（见图 2-17）、KNN 回归、时间序列回归、随机森林回归。

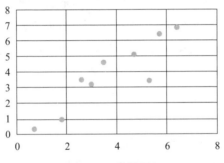

图 2-17　线性回归

半监督学习里所采用的样本数据并不都是有标记的数据，用作训练的数据集称为样本数据，包括有标记的和无标记的。机器利用这些混合样本进行训练，就可以达到预测分类的目的。这种学习的优点在于不需要通过外界的交互来获取很多标记，而是通过少量的人工干预来驱动学习机器，可以减少人的工作量，提高学习机器的性能。常见的半监督学习算法有半监督分类、半监督回归、半监督聚类、半监督降维。

无监督学习是指训练实例都是没有经过事先标记的，即没有标注，机器要自动建立模型，从而对输入的数据进行分类或分群，解决模式识别中的问题。无监督学习通过主动探索对象来实现未知的发现，大大降低了人工标记的成本，但也舍弃了一定的准确性。在无监督学习中，常用的算法有聚类、部分统计分析和关联规则分析。

除以上三种类型的机器学习外，增强学习作为一类新型的与问题环境不断交互学习的方法受到越来越多的关注。增强学习通过不断采集反馈的信息，使用信息进行学习，通过这种学习方法，可以将决策一步步趋向最优。常见的增强学习方法有控制论、信息论、博弈论、仿真智能。

（3）数据计算

数据计算有多种多样的模式，学者杜小勇等（2019）给出未来大数据管理系统数据计算的特点：未来的大数据管理系统具有多计算模式并存的特点，目前，Hadoop、Spark 以及 Flink 等主流的大数据系统具有不同的计算模式，系统通常会偏重于批任务模式或流任务模式中的一种。为了应对各种各样的业务数据需求，数据计算可以高性能地多节点进行计算，它采用分片计算技术，分布式对数据进行处理，主要包括图计算、流式计算等。这里简单介绍一下图计算和流式计算。

图计算在实际应用中是很常见的一种计算类型，比如病毒的传染路径、社交网络等图或非图数据，这些数据无法使用常规的数据计算进行处理和分析，需要转换成图的模型。当图形数据已经达到一个很大的规模时，单机失去了效用，只能采用并行数据库处理，这是由大量的机器设备集群而成的数据库。目前在图计算领域常用的框架有 Spark GraphX、Pregel、PowerGrah、GraphChi。

流式计算是指对不断增长的数据集进行实时处理的计算过程。流指的是像流水一样，流水是源源不断、无限增长的。流式计算是一种低延迟的计算方式，数据流并不会存储下来，但也不会直接计算，因此并不完全等于实时计算，数据流会经过内存，由内存处理计算，这个计算是实时的，而且更加强调计算数据流（见图 2-18）。为了应对实时大数据，目前有一种基于流立方的增量数据处理技术，这种技术可以高效、迅速处理实时数据，将实时数据的价值最大化（Zheng et al.，2019）。常见的流式计算框架有开源流处理框架 Apache Flink、分布式流计算平台 Yahoo! S4、高数据摄取率框架 Storm、分布式流处理框架 Apache Samza 等。

2.2.5　数据应用

大数据应用是大数据生命周期中的末尾环节，也是其中最重要的环节

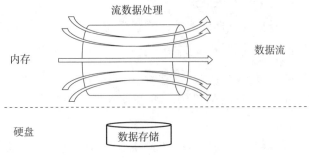

图 2-18　流式计算

之一，它将数据处理的结果展示给用户，以实现数据分析挖掘的真正价值。随着大数据技术越来越成熟，大数据应用行业的门槛逐渐降低。经常可以看到衣食住行方方面面都存在大数据应用，特别是数据技术的高实时性，带给互联网行业很多创新的可能。这些应用可以精准化地提供服务，帮助用户从数据中获取真正有用的价值。同时，对于企业来说，数据科学技术的应用能帮助企业做好战略管理，科学地分析企业的运行状态，提高企业的市场竞争力。大数据应用方面的技术主要有数据可视化、数据产品、数据共享、数据预警。

（1）数据可视化

使用数据可视化传递信息，可以理解为使用一种更容易被人们所理解的方式传达数据，比如数据图形化。相关的研究证明，在大脑中，超过50%的功能会被用在视觉的管理应用上。因此，相比枯燥乏味的文字说明，采用图形化手段来传递信息比其他手段更科学、更有效。数据可视化能让用户清晰地获取最终的数据信息，使沟通变得高效，可以增强数据传达的效率。比如家具公司通过汇总不同空间的家具销售总金额，得到清晰的总金额占比图，这些信息可以帮助家具公司做出更好的制造和销售决策（罗欣，2019）（见图 2-19）。

根据数据的动态变化，可以将数据可视化分为实时更新的数据可视化、缓存更新的数据可视化。根据可视化的工具，又可以将数据可视化分为统计方法实现的数据可视化、交互系统实现的数据可视化、编程语言实现的数据可视化。常见的可视化工具有 Gephi、Excel、Google Chart API、sigma. js、Echarts、Tableau、Power BI。

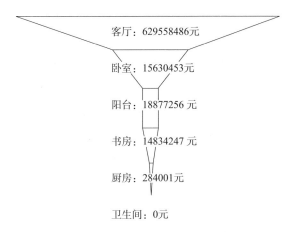

客厅：629558486元

卧室：15630453元

阳台：18877256 元

书房：14834247 元

厨房：284001元

卫生间：0元

图 2-19　不同空间家具销售总额

（2）数据产品

数据产品指的是智能化的数据产品，通过与使用对象进行个性化的交互来获取用户的反馈，记录反馈并运用到服务上，形成良性的闭环（见图 2-20）。使用这种数据产品时，用户会拥有良好的用户体验。因为服务可以是个性化的，是不断反馈、不断完善的，所以可以满足用户日渐增长的服务需求。常见的数据产品有搜索系统、购物系统等。经常接触的就是某购物网站的搜索推荐功能，当用户在搜索平台上搜索或者下单等，发出希望得到某样商品的信号时，这种信号就会反馈给系统，系统在运用数据挖掘等算法对该用户进行用户画像，分析出用户喜好后，再将相应的商品推荐给用户。这种针对不同用户的精准商品推荐模式，可以极大地提高用户找到满意商品的概率，也促进了商品高成交量的产生。

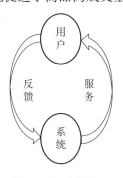

图 2-20　良性闭环

（3）数据共享

数据科学技术发展日益迅猛，各行各业都开始信息数据化，数据信息渐渐成为一项通用的数字资源，数据信息的价值不应该局限于某一领域、某一个单位。数据信息是整个社会的数字资源，具备与人才资源、资金流同样的社会服务功能。目前主流的数据共享的定义为：所处位置不同的计算机、用户、软件能够读取其他端的信息数据，并且利用这些数据进行处理、分析的过程。按照使用需求，可以将数据共享分为前台共享和后台共享。目前常见的一种数据共享模型为基于 HBase 的数据共享模型（见图 2-22），其中 HBase 作为信息中介平台，数据库的数据流通过网络环境与多个源数据进行信息交换，多个数据库共享信息的变化和数据信息的内容。

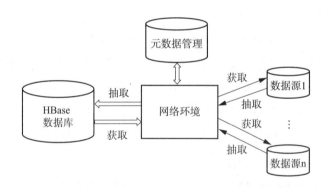

图 2-21　基于 HBase 的数据共享模型

（4）数据预警

数据预警指的是对观察对象的正常情况的监控。正常情况下，观察对象都会处在一个合适的波动范围，但在特殊时期，观察对象会超出这个范围，出现异常情况，在设置了数据预警之后，机器就会提醒这种异常情况的发生，协助执行某些行动来纠正观察对象的行为，恢复正常情况。预警通常可以分为统计预警、流式预警以及混合预警三种。

这些技术最后都被应用到具体的领域中，比如日常生活的教育领域，科研上的能源、科技领域，互联网上的金融、电子事务领域，工业上的制造领域等。高效的数据科学技术挖掘了这些领域数据的潜在价值，帮助用户做出理性化的最优决策。比如，在工业制造领域，数据科学技术在工业领域常被称为"大数据的工业物联网"，计算机远程监控设备的运行，一方面，将设备产生的数据存储下来，辅助生产活动和业务交接；另一方面，监控的功能使得用户对机器设备的运行状态有一定的把控，能够知道设备什么时候发生故障、发生故障的频率和严重程度，然后进行处理和改进，最终达到优化生产的目的。

2.2.6　基础技术

数据科学技术不是凭空产生的，而是在漫长发展的历程中，融合其他领域的技术发展不断更新技术，以达到大规模的数据处理的目的。这些基础技术也许无法在大数据的生命周期中直接体现，但它们奠定了大数据处理的基础，在数据科学技术的发展中功不可没。

（1）数据分片路由

为了降低数据突增带来的服务器压力，解决系统的低可用和高成本问题，采用了垂直扩展的技术，开发了分布式系统，继而带来了数据分片。数据分片狭义上是指数据存储系统将数据块进行分割、切片，然后分布在多个服务器中。数据分片也可以理解为在不同的服务器上进行路由请求，从而进行数据的计算处理。

（2）数据复制

为了提升数据系统的可靠性，需要数据复制技术来保持数据在各端的一致性。复制指的是信息拷贝的功能，数据复制就是将数据信息进行拷贝，从一个数据端同步或者异步复制到另一个接收端。数据复制技术可以分为同步、异步复制。

（3）数据结构

在计算机中，数据存储、数据组织、数据元素间的关系集合等都涉及数据结构这一概念。不同的数据结构会给后续的操作带来不同的效果，一般对于存储系统来说，会更高效；对于运行系统来说，合适的数据结构能提高运行的功效。不同的技术对于数据结构有着不同程度的要求，比如检索算法和索引技术的要求会更高一些，因为它们对效率要求较高。

2.2.7　数据治理

国际数据管理协会（DAMA）对数据治理给出这样一个定义：数据治理

是对数据资产管理行使权力和控制的活动集合，简单来说，数据治理是一整套贯穿了组织行为的整个过程的管理行为，数据治理的主要对象是数据，可以区别于其他的管理行为。

数据治理能够有效强化组织的管理工作，提高组织运行的效率。数据治理技术大体上可以分为主数据管理、大数据架构管理、数据安全、数据质量、元数据管理、数据应用治理、数据评估七个方面（见图2-23）。

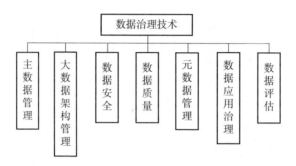

图2-22 数据治理技术的七个方面

①主数据管理是一组技术方案，这组方案服务于应用程序、用户、数据仓库等的利益相关方，能够创建并维护业务数据，同时保证数据一定的可靠程度。

②大数据架构管理是大数据解决方案的蓝图，是获取并处理大规模数据的总体系统。运用大数据架构管理，可以降低公司的管理成本，同时，能辅助管理人员做出最优决策。

③国际标准化组织（ISO）对数据系统安全的定义是：数据系统安全是为数据处理系统建立和采取的技术和管理的安全保护，保护计算机硬件、软件数据不因偶然和恶意而遭到破坏、更改和泄露。可以简单理解为：用户建立并且维护安全的计算机防护网来保护数据，提高数据的可靠性、可用性、保密性等。对数据安全系统进行整体的设计分析，可以分为如下五个方面，即采集数据层面、历史数据储存层面、分析数据层面、安全分析实践层面、结果展示层面（卢伟，2019）。

④数据质量，指的是在不同的业务环境下，采用的数据源应该是高质量的，能够满足数据处理分析的需求，同时也能符合用户的业务需求。完整的数据质量管理周期是计划、获取、存储、共享、维护、应用、消亡，

对其中的每个阶段都进行识别、处理、监控，以保证数据的高质量，帮助企业获取更高的利润。数据质量管理涉及的技术有数据库表的设计、数据源的数据质量控制、数据采集、数据传输、数据存储、数据装载。

⑤元数据管理是一个很广泛的概念，包括数据实体、元素的定义，业务词汇表、业务规则、数据特征的发展等内容，在主数据管理和数据治理项目中不可或缺。

⑥数据应用治理，即针对大数据应用的管理，包括大数据应用的生命周期的所有阶段的管理，特别是其中负责数据的部分。

⑦数据评估，也可以称作数据质量评估。为了提高数据的有效程度和可靠性，需要对数据的采集、存储、分析、结果进行全面的评估。评估从数据综合应用的角度出发，对最优决策的制定有很大的帮助。比如召开一场培训会议，带动新员工的积极性，不同的培训方法会带来不同的培训效果，这时，可以通过收集主观评价和客观的测验数据来衡量不同培训方法的效果。

2.3　本章小结

本章阐述了数据科学的基础知识。首先，对数据科学技术做了简单的介绍，目前广义的数据科学技术包括对海量数据进行采集、存储、计算、分析、挖掘等的技术。其次，将数据科学技术的知识体系细分为七大领域，分别是基础技术、数据采集、数据传输、数据存储、数据处理、数据应用、数据治理，并在第二节进行了具体的介绍。此外，本章对数据科学技术的特点进行了分析，主要有三个特点，分别是能处理比较大的数据量、能处理不同类型的数据、数据科学技术的应用具有密度低和价值大的特点。最后，本章对数据科学技术架构的演进进行了探索，分别从数据采集、数据存储、数据处理这三个角度进行分析，从最早的基础技术一步步发展到具有完备功能的专业化的技术体系。

本章通过对数据科学技术进行简单的梳理，解释说明了数据科学技术并不是一门独立的学科，它是由各个领域的技术知识体系共同构建起来的，涉及计算机、硬件设备、电子通信等方方面面的技术知识。此外，数据科学技术并不是凭空产生的，也不是突然兴起的，它在出现数据信息的那一刻就已经存在。随着数据量的积累和科学技术的发展，数据信息背后的价值慢慢被挖掘出来，实现真正的数据科学。通过对数据科学的简单梳理，希望读者能了解数据科学的演进、熟悉数据科学技术的各个分支，在学习数据科学的时候可以有全面的把握，同时也可以进行有针对性的学习。

参 考 文 献

[1]朝乐门，邢春晓，张勇. 数据科学研究的现状与趋势[J]. 计算机科学，2018，45(1)：1-13.

[2]朝乐门. 数据科学理论与实践[M]. 北京：清华大学出版社，2017.

[3]杜小勇，卢卫，张峰. 大数据管理系统的历史、现状与未来[J]. 软件学报，2019(1)：127-141.

[4]梅宏. 大数据发展现状与未来趋势[J]. 交通运输研究，2019(5)：1-11.

[5]潘涛. 浅谈大数据技术在电子政务领域的应用[J]. 科技展望，2016(30)：13.

[6]罗欣，周橙旻. 基于数据可视化技术的电商平台家具市场分析[J]. 家具，2019(6)：40-44.

[7]FAN, J., HAN, F., LIU, H. Challenges of big data analysis. National Science Review, 2014(2)：293-314.

[8]MANYIKA, J. Big data: The next frontier for innovation, competition, and productivity, 2011.

[9]ZHENG, T., et al. Real-time intelligent big data processing: technology, platform, and applications. Science China, 2019, 62(8): 12.

第3章

数据科学技术方法

3.1　数据科学技术方法概论

3.1.1　数据分析及挖掘技术整体概论

随着信息时代的到来，我们常常需要对大量数据进行处理，并从中分析出有价值的信息，以实现特定的目的。换句话说，对数据集进行整理、分析、描述、总结和判断的过程就称为数据分析。而数据挖掘通常是指利用计算机技术和特定的算法，对隐藏在大数据背后的深层次的内涵和信息进行探索。

对大数据进行分析和处理，并从中发现有价值的信息，是数据分析和数据挖掘的共同目标。不同的是，数据分析更偏向于应用层面，而数据挖掘则更注重技术层面，即数据分析解决的是"做什么"的问题，而数据挖掘解决的是"怎样做"的问题。二者不存在包含或者被包含的关系，而是对同一个问题不同方面的阐述。仔细品味这两个概念，能够帮助我们对数据科学有更加清晰的理解。

在实际情况下，当我们得到一份经过清洗和整理的数据，往往会感到束手无策，不知道从何处着手分析。此时我们也许会尝试先对数据集进行一些描述性统计，例如求取统计数，如众数、平均数、方差等，也许还会进行一些相关性分析和检验。通过这些统计手段，我们能够对所获得的数据集形成一个概括、抽象的理解。

当样本量较小的时候，简单的统计分析足以帮助我们很好地理解数据的特征和其背后的含义。但是对于大样本数据，要充分地挖掘其中的价值，我们还需要借助更复杂的技术方法，例如数据库、统计分析软件、编程语言和算法。常用的数据库有 Excel、Oracle、MySQL 等，统计分析软件

有 SPSS、R、SAS，这些数据库和统计分析软件能够很好地帮助我们借助统计学理论和方法对数据进行深入分析和洞察。有时候我们还需要针对特定的情况和问题，采用编程技术和高效的算法，对数据实现灵活、准确的分析和预测。根据问题类型的差异，数据挖掘方法可以大致分为分类方法和聚类方法两大板块。根据算法思想的差异，数据挖掘方法可以划分为机器学习和神经网络等两大方向，机器学习方法倾向于将现实世界的复杂问题抽象成具体的模型，而神经网络更像一个"黑盒子"。这些方法涉及许多交叉学科的知识，运用这些方法，不仅需要分析者对问题所处的行业和背景拥有清晰的把握，在技术层面还需要结合概率论、矩阵论、信息论和计算机知识对问题进行综合分析。

3.1.2 数据统计分析方法介绍

数据科学的建立和发展是建立在统计学理论的基础之上的，统计学是学习数据分析和数据挖掘技术的敲门砖。统计学是一门通过收集、整理、观察、描述和分析等手段，对研究对象进行观测、推断和预测，进而为决策提供科学参考依据的学科。描述统计和推断统计分别是统计学研究内容的两大类别。

描述统计，顾名思义就是对所收集的数据进行整体性描述，并将数据通过图表或其他方式直观地表达出来。针对数据不同方面的特点，我们可以对数据的离散趋势或者集中趋势进行描述和分析，也可以进行不同组间数据的相关分析以及其他的图形描述分析等。其中，集中趋势反映的是数据的"中心"或"平均"概念，描述了同类数据的一般水平。描述数据集中趋势的指标通常有中位数、众数和平均数等。而离散趋势是指数据远离中心的趋势，常用的描述指标有极差、四分位差、方差和标准差等，其中最常用的是方差和标准差。

当我们需要对两组或两组以上的随机变量进行描述分析，并判断组间数据相关程度的大小时，便需要使用相关分析方法。描述数据间相关关系有以下五种常用方法。一是图表分析法（如折线图或散点图）。通过绘制图表，可以很清晰地将数据的变化趋势和数据间的联系表示出来，但是这种方式缺乏对相关关系的准确度量。二是协方差。协方差是衡量数据间变化趋势是否一致的度量指标。若两组随机变量的协方差是正数，则说明这两组随机变量拥有一致的变化趋势，二者呈正相关关系；若协方差为 0，则说明这两组随机变量之间相互独立。三是相关系数分析法。相关系数分析法用来衡量随机变量之间关系的密切程度。四是回归分析。回归分析用一个函数曲线对数据样本进行拟合，将一组随机变量与另一组随机变量的依赖关系用函数形式表达出来，并对未来可能出现的样本进行预测。五是信息熵和互信息。当我们需要对多组随机变量与我们所希望预测的目标结果进行相关性分析时，信息熵和互信息能够帮助我们找到每一个特征与目标状态相关关系的强弱情况。

推断统计主要包括参数估计和假设检验，是利用样本特征推断总体特征的方法。其中参数估计是指从总体中随机抽取样本，并根据样本数据的分布特征对总体未知参数进行估计的过程。假设检验是基于"反证法"思想对所提出的假设进行验证的过程。举个例子：假设我们希望证明的命题是"所有天鹅都是白色的"，如果这个命题为真，那么它的反命题"存在黑色的天鹅"就是一个几乎不可能发生的小概率事件。为了证明原命题，我们随机选择了一定数量（比如 1000 只）的天鹅进行观察。如果只发现了一只黑天鹅，那么仍可以认定黑天鹅的存在是偶然事件，但是如果有 100 只黑天鹅，那么显然原命题"所有天鹅都是白色的"这个假设是有待考察的。在假设检验中我们将希望证实的命题称为"原假设"，将反命题称为"备选假设"。为了验证原假设，我们进行了一系列的试验或者对抽取的样本进行观察。如果小概率事件，即备选假设在实际情况中发生的次数超出了预设范围，那么我们就拒绝接受原假设。反之，如果小概率事件的出现次数在我们的预设范围之内，那么我们就可以一定的概率接受原假设。

3.1.3 基于机器学习的数据科学技术方法

过去几十年中，互联网蓬勃发展，随着海量数据资源呈爆炸式增长，计算机运算能力的增强以及计算速度的提升，人们可以更加容易地从大数据中挖掘出有价值的知识和信息，从数据中获取知识经验，并对未知的情况进行预测成为可能。而数据分析和机器学习正是当代获取数据价值的核心技术和两大利器。

机器学习的核心就是找到能够尽量模拟真实情况的模型和函数。机器学习需要思考学习什么模型，如何找到目标函数，使模型的预测结果和真实值的差异越小越好，同时提高模型的学习效率。

机器学习的过程大体可以这样描述：将数据集以一定的方式和比例划

分为训练数据和测试数据。然后，在预设的某个模型框架下，对给定的、有限的训练数据集进行学习，目标是使训练结果能够最准确地拟合实际情况。机器学习的主要实现过程如下：

①设计模型，确定模型包含的假设空间的范围。

②确定损失函数，即制定函数的评价准则。

③选择求解最优模型的算法。

④通过对模型进行学习和训练，找到最优目标函数。

⑤利用学习得到的最优模型进行数据分析和预测。

假设所学习的模型属于某个函数集合，那么这个函数集合称为假设空间；在训练模型的过程中，需要为模型规定评价好坏的准则(evaluation criterion)和优化算法(optimization algorithm)，并通过优化算法计算出最符合评价准则的参数和模型，使其在训练数据集和测试数据集中，在给定的评价准则下都能达到最优的预测效果。由此我们可以总结出机器学习包含三个基本要素，分别是模型的假设空间、选择最优模型的评价准则以及用于训练模型的优化算法，即模型(model)、策略(strategy)和算法(algorithm)。

（1）模型

对于一个机器学习问题，我们首先要考虑的是应该使用什么模型，以更好地描述我们所面临的客观事实。以有监督学习问题为例，其模型就是所需要学习的某种条件概率或决策函数。机器学习模型需要在给定的样本集合和对应的标签信息下，利用已知的条件概率关系或函数形式，从模型的假设空间中找到最能够拟合客观情况的映射关系。

假设空间中可能的模型有无数多个。所有可能的决策函数的集合用 F 来表示：

$$F = \{f \mid Y = f(X)\} \tag{3.1}$$

其中，X 表示输入空间的样本，Y 代表输出空间的样本标签。F 通常是由可能的参数所决定的函数族：

$$F = \{f \mid Y = f_\theta(X), \theta \in R^n\} \tag{3.2}$$

其中，R^n 是 n 维欧式空间，θ 是该空间的参数向量。

假设空间也可以是某种条件概率的集合：

$$F = \{P \mid P(Y \mid X)\} \tag{3.3}$$

其中，X 表示输入空间的样本，Y 代表输出空间的样本标签。这时 F 是一个由所有可能的参数决定的条件概率分布族：

$$F = \{P \mid P_{\theta}(Y \mid X), \ \theta \in R^{n}\} \qquad (3.4)$$

其中，R^{n} 是 n 维欧式空间，θ 是该空间的参数向量。

（2）策略

当模型的假设空间确定下来，机器学习接下来的工作就是寻找一个评价准则，用来评估模型的优劣。在通过训练样本进行学习的过程中，损失函数用来度量每一次预测结果的好坏，损失函数的期望定义为风险函数，用来度量这个预测模型的好坏程度。风险函数的值越小，说明模型训练得越好。

关于损失函数和风险函数，还是以有监督学习问题为例，给定输入变量 $X = \{x_1, x_2, \cdots, x_N\}$ 和输出值 $Y = \{y_1, y_2, \cdots, y_N\}$。我们希望从假设空间 F 中找到一个最优的决策函数 f，对于给定的输入变量 X，都有对应的输出结果 $f(X)$，使得 $f(X)$ 与真实值 Y 之间的差异最小，即模型的准确性最高。损失函数是衡量输出值 $f(X)$ 与真实值 Y 之间差异大小的非负实值函数，记作 $L[Y, f(X)]$。

机器学习常用的损失函数有以下几种：

①0-1 损失函数（0-1 loss function）：

$$L[Y, f(X)] = \begin{cases} 1, & Y = f(X) \\ 0, & Y \neq f(X) \end{cases} \qquad (3.5)$$

②平方损失函数（quadratic loss function）：

$$L[Y, f(X)] = [Y - f(X)]^{2} \qquad (3.6)$$

③绝对损失函数（absolute loss function）：

$$L[Y, f(X)] = |Y - f(X)| \qquad (3.7)$$

④对数损失函数（logarithmic loss function）

$$L[Y \mid P(Y \mid X)] = -\log P(Y \mid X) \qquad (3.8)$$

在条件概率模型中，我们通常把真实样本 (X, Y) 视为一个随机变量，并且假设这个随机变量遵循某个联合分布 $P(X, Y)$，那么损失函数的期望（也称风险函数或期望损失）就可以表示为 X 和 Y 关于该分布的积分形式：

$$\begin{aligned} R_{\exp}(f) &= E_{p}\{L[Y, f(X)]\} \\ &= \int_{X \times Y} L[Y, f(X)] P(X, Y) \mathrm{d}X \mathrm{d}Y \end{aligned} \qquad (3.9)$$

机器学习的目标就是找到一个使期望损失达到最小的模型。但是真实世界中随机变量 (X, Y) 的联合分布 $P(X, Y)$ 是未知的，我们无法直接计

算出期望损失值。因此一个很自然的想法就是利用训练数据集的平均损失（也称经验风险或经验损失）来估计真实的期望损失。训练数据集的经验损失计算如下：

$$R_{emp} = \frac{1}{N} \sum_{i=1}^{N} L[y_i, f(x_i)] \tag{3.10}$$

我们的目标是使经验损失达到最小：

$$\min_{f \in F} \frac{1}{N} \sum_{i=1}^{N} L[y_i, f(x_i)] \tag{3.11}$$

在现实的数据挖掘任务中，我们往往只能获得十分有限的样本数据，对有限的样本数据进行学习时，模型会受到较大的抽样误差的影响，产生"过拟合"现象。模型过度学习了样本的特征，导致模型过度复杂。尽管模型在训练数据集上表现得很好，但是在测试数据集和泛化性能上表现得很糟糕。为了避免这种现象，最常用的解决办法是在经验风险的基础上加上正则化项或者惩罚项。引入了正则化项的风险函数称为结构风险，记作：

$$R_{srm} = \frac{1}{N} \sum_{i=1}^{N} L[y_i, f(x_i)] + \lambda T(f) \tag{3.12}$$

其中，$T(f)$ 表示模型的复杂度。模型越复杂，$T(f)$ 越大；模型越简单，$T(f)$ 越小。λ 是用来衡量经验风险和复杂度的系数，$\lambda \geq 0$。

通常，可以通过结构风险最小化来求得最优模型：

$$\min_{f \in F} \left\{ \frac{1}{N} \sum_{i=1}^{N} L[y_i, f(x_i)] + \lambda T(f) \right\} \tag{3.13}$$

通过上述转换，有监督学习问题转变为最小化经验风险或结构风险问题。此时的目标函数即为经验或结构风险函数。

（3）算法

确定了模型的假设空间和评价准则后，我们需要基于训练数据集，学习并确定模型的参数，并求解出最优的模型。算法是指求解机器学习模型参数的具体计算方法。

机器学习中的优化问题通常是不存在显式解析解的，或者拥有解析解，但是计算量非常大，因此需要用算法，例如数值计算、迭代优化的方法或启发式算法求解。算法的一个重要问题在于，如何保证找到全局最优解，并使求解的过程非常高效。我们可以利用已有的优化算法，但是有时也需要为特定的问题开发适合的最优算法。

3.1.4　模型评估与选择

"没有免费的午餐"定理是机器学习中著名的定理之一，它认为"没有一种机器学习算法对所有问题都有效"（Wolpert & Macready，1995）。我们无法证明神经网络的分类效果总是比决策树好，反之亦然。算法的表现通常受到诸多因素的影响，比如数据规模大小和问题本身的结构等。

（1）训练误差与测试误差

当我们获得一份经过清洗的数据后，首先会按照一定比例和随机方法划分为训练数据和测试数据，通常会设置为 4∶1 或 7∶3。训练数据用于学习和训练以找到最佳的参数，进而获得最优模型，测试数据则用于评估已经训练好的机器学习模型的性能。

训练误差是指模型在训练数据集上误差的平均值，该指标度量模型对训练数据的拟合情况。训练误差通常不宜过小或过大，若训练误差过大，则说明模型的学习效果不够好；若训练误差过小，则说明模型过度学习了训练集的特性，容易产生"过拟合"现象。

测试误差是指模型在测试数据集上误差的平均值，该指标度量了模型的泛化能力。由于在实际情况中，人们往往无法对未知数据的期望损失进行计算，通常的做法是用测试误差来估计模型的泛化误差。在实践中，我们希望测试误差越小越好。

（2）欠拟合与过拟合

欠拟合是指模型尚未对完整的训练数据集进行充分学习，模型不够复杂，拟合能力不够的现象。从误差角度上看，欠拟合时训练误差和测试误差都较大。通常的解决方式是增加模型迭代或训练的次数，也可以尝试使用其他算法、对参数数量进行调整、增加模型复杂程度或使用集成学习方法以提升模型的泛化性能。

过拟合是指模型过度学习了训练集本身的特性，导致出现模型过于复杂，拟合能力过强的现象。由于受到数据量大小、数据采样方式以及噪声等因素的影响，数据集本身的特点和分布状况并不能够完全等同于真实的客观情形。因此从误差角度上看，当过拟合出现时，尽管训练误差很小，但是在测试数据集上的测试误差很大。

根据不同的模型特征，可以采取不同的方法来防止过拟合的出现。例

如，对于优化损失函数的模型，如逻辑回归、感知机、支持向量机等，通常的做法是在损失函数中加入正则化项（惩罚项），引入正则化项的目的是使参数的长度变短，模型可以在较小的参数空间中进行寻优，使得模型更加简单。对于决策树这类模型，则可以通过剪枝的方式来避免过拟合。

图 3-1 更加直观地解释了欠拟合和过拟合现象。

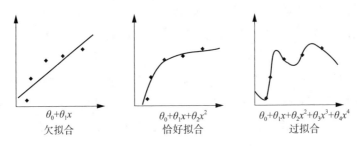

图 3-1　欠拟合和过拟合

图 3-1 左边的图是欠拟合现象，图中试图用一条简单的直线来拟合样本数据，这种方法虽然简单，但是产生了较大误差。右边的图描述了过拟合现象，图中用一个高阶多项式函数来拟合样本数据，虽然模型训练误差很小，但对新数据预测会产生十分大的误差。图 3-1 中间的模型尽管训练误差不是最小，但拥有更优的泛化能力。

（3）偏差-方差窘境

泛化能力指的是机器学习通过训练样本学习到的模型对测试样本的预测能力。通常采用测试样本的测试误差来衡量机器学习方法的泛化能力，我们会定义一个误差函数来估计机器学习算法的泛化性能，并希望最小化误差函数的值来提升模型的性能。但是人们还希望能够更深入地观察和了解模型为什么会具有这样的性能，而"偏差-方差分解"是一种从偏差和方差的角度来解释算法泛化性能的重要工具。"偏差-方差窘境"认为可以将泛化误差分解为偏差、方差和噪声。它们的关系可以表示为：

$$泛化误差=错误率=偏差^2+方差+噪声$$

如果我们能够获得真实世界里所有可能样本的集合，而且在这个数据集合上使误差损失达到最小，那么便可以将学习到的模型称为"真实模型"。然而，在现实生活中我们不可能获取所有可能性，所以尽管真实模型肯定存在，但是无法获得。我们目前只能是学习一个模型使其尽可能地接近这个真实模型。泛化误差描述的就是训练数据集的损失与真实世界的一般化的数据集的损失之间的差异。偏差反映的是模型对训练样本集的估计期望与真实结果之间的差异，即衡量模型和算法本身的好坏。方差反映的是函数模型 $f(x)$ 对训练样本 x 的敏感程度。方差越小，说明模型对于不同样本的输出结果越稳定。通常来说，对数据集采用不同的采样和验证方法，会对方差产生较大影响。噪声是所收集到的数据中的样本标签与真实数据的标签之间的偏差，反映的是数据本身的质量。噪声是无法通过提升算法性能或改进已有数据集的采样方式约减的，噪声的存在决定了学习的上限。在数据集已经给定的情况下，我们的目标就是尽最大可能接近这个上限。

3.2　数据统计分析

3.2.1　数据分布特征的度量

（1）样本均值

假设我们希望知道某地区全体中学生的总体平均身高水平 μ，但是受成本、样本容量和其他因素的限制，我们无法获得全部样本值，因此我们希望通过随机抽样的方式获取一定量的样本，并通过样本均值 $\overline{X}$ 估计总体均值 μ。

样本均值是测定样本集中趋势最常用的指标，通常记作 $\overline{X}$：

$$\overline{X} = \frac{\sum\limits_{i=1}^{n} X_i}{n} \tag{3.14}$$

其中，n 是样本容量的大小，X_i 是第 i 个样本的值。

（2）样本方差和标准差

为了更好地理解数据，我们不仅需要知道数据分布的一般水平，还需要知道这个数据集围绕中心的波动情况。我们通常使用方差和标准差来描述数据离散程度。总体方差是总体空间中每一个个体偏离总体均值的平方和的平均数，通常用 σ^2 表示：

$$\sigma^2 = \frac{\sum\limits_{i=1}^{N} (X_i - \mu)^2}{N} \tag{3.15}$$

通常情况下，由于所研究对象总体的数据是很难获得的，我们无法直接测定总体方差。最直接的方法是使用样本方差 s^2 去估计总体方差 σ^2：

$$s^2 = \frac{\sum_{i=1}^{n} (X_i - \overline{X})^2}{n-1} \tag{3.16}$$

另外，我们注意到，在计算样本方差时，分母的取值为 $n-1$，而不是样本容量的大小 n。这是因为我们无法采集到所有的情况，真实数据中还有许多情况是无法通过样本数据反映出来的，因此真实的总体方差往往会比样本方差大。为获得对总体方差的无偏估计，我们修正了样本方差的计算方式，使样本方差除以 $n-1$。

以上两个方差公式中样本对偏离值进行了平方运算，这种计算方式将大的偏离值对方差的影响进一步放大了。在有些情况下，使用标准差描述数据的偏离情况也许更容易讨论些。

3.2.2　参数估计

当我们需要研究某一现象的数量和分布特征时，就需要对研究对象进行全面的调查。研究者通常以抽样调查的方式获得总体的部分样本数据，然后通过分析样本的数量特征，对总体特征进行估计和推断。这个过程就是参数估计，即通过计算样本的统计量来推断总体参数的方法。一般情况下，将需要估计的总体参数记为 θ，并且用 $\hat{\theta}$ 来表示对总体参数的估计值，也称估计量，其具体数值称为估计值。在实际数据分析的工作中，根据不同的研究目的和数据分布特征，我们需要对各种各样的参数进行估计，如均值和方差。点估计和区间估计是参数估计的主要方法。点估计是把样本中某个估计量的取值直接作为对总体待估参数的估计值。区间估计则不仅给出具体的估计值，还结合统计量的分布特征，给出对于总体参数的估计范围和可靠性度量。

（1）点估计

点估计是指直接用样本估计量的值对总体参数的实际值进行推断的方法，也称定制估计。例如，直接将计算出的样本的均值作为总体的均值，或直接将样本的方差作为总体的方差等。在点估计问题中，我们一般假设总体 X 的分布函数形式是已知的，参数是未知的。待估参数的数量可以是一个或多个。矩估计法和极大似然估计法是最常用的两种点估计方法。

①矩估计法。

矩,是统计学中对数据分布特征和形态的一组度量工具,分为原点矩和中心矩等。直接使用变量进行计算的称为原点矩。当总体 X 是连续型随机变量时,概率密度可表示为 $f(x; \theta_1, \theta_2, \cdots, \theta_k)$,当总体 X 是离散型随机变量时,分布概率可以表示为 $p(x; \theta_1, \theta_2, \cdots, \theta_k)$,其中 θ_1, $\theta_2, \cdots, \theta_k$ 是待估计的参数。假设总体 X 的前 k 阶矩表示如下:

$$\mu_l = E(X^l) = \int_{-\infty}^{\infty} x^l f(x; \theta_1, \theta_2, \cdots, \theta_k)\mathrm{d}x (X \text{ 为连续型}) \quad (3.17)$$

$$\mu_l = E(X^l) = \sum_{x \in R_x} x^l p(x; \theta_1, \theta_2, \cdots, \theta_k)(X \text{ 为离散型}) \quad (3.18)$$

假设样本 X_1, X_2, $\cdots$, X_n 来自总体 X,则样本 $X_i (i=1, 2, \cdots, n)$ 的 k 阶原点矩表示为:

$$A_{kk} = \frac{1}{n} \sum_{i=1}^{n} X_i^{kk} (kk = 1, 2, \cdots, k) \quad (3.19)$$

移除均值后的矩称为中心矩,样本 $X_i (i=1, 2, \cdots, n)$ 的 k 阶中心矩表示为:

$$B_{kk} = \frac{1}{n} \sum_{i=1}^{n} (X_i - \overline{X})^{kk} (kk = 1, 2, \cdots, k) \quad (3.20)$$

当 $k=1$ 时,样本的一阶原点矩就是样本均值,也就是样本的数学期望;当 $k=2$ 时,样本的二阶中心矩就是样本方差。

根据辛钦大数定律(Ross, 1994),若简单随机样本 X_1, X_2, $\cdots$, X_n 是一组独立同分布的随机序列,那么样本 X_1, X_2, $\cdots$, X_n 的原点矩依概率收敛到总体原点矩。因此当数据量足够大时,我们可以用样本矩来代替总体矩。由于事先假设样本的分布形式是已知的,通过建立样本矩和总体矩的等量关系,就能够通过求解方程对未知参数进行估计。基于这种思想和方式求解估计量的方法称为矩估计法。最简单也是最常用的矩估计法是:用一阶样本原点矩估计总体期望,用二阶样本中心矩估计总体方差。

矩估计法的具体做法如下:

$$\begin{cases} \mu_1 = \mu_1(\theta_1, \theta_2, \cdots, \theta_k) \\ \quad\quad\quad \cdots \\ \mu_k = \mu_k(\theta_1, \theta_2, \cdots, \theta_k) \end{cases} \quad (3.21)$$

求解后，可以得到：

$$\begin{cases} \theta_1 = \theta_1(\mu_1, \mu_2, \cdots, \mu_k) \\ \qquad\qquad \cdots \\ \theta_k = \theta_k(\mu_1, \mu_2, \cdots, \mu_k) \end{cases} \qquad (3.22)$$

将 A_{kk} 带入式(3.22)，可以得到：

$$\hat{\theta}_{kk} = \theta_{kk}(\mu_1, \mu_2, \cdots, \mu_k)(kk = 1, 2, \cdots, k) \qquad (3.23)$$

其中，$\hat{\theta}_{kk}$ 即为 θ_{kk} 的估计量。

②极大似然估计法。

极大似然是一种根据经验对未知参数进行估计和判断的思想。假设随机样本服从独立同分布，其分布的函数和模型是已知的，而关于模型的具体参数是未知的。该方法首先观察若干次实验的结果，构建出该结果的联合概率函数，并求解出使得联合概率函数最大的参数值。

若样本集 $X = \{X_1, X_2, \cdots, X_n\}$ 中的每个样本都服从独立同分布，则其联合概率密度函数为 $p(X \mid \theta)$。我们使用极大似然估计法对未知参数 θ 进行估计，首先构造该样本集的似然函数：

$$L(\theta) = p(X \mid \theta) = p(X_1 \mid \theta)p(X_2 \mid \theta)\cdots p(X_n \mid \theta) = \prod_{i=1}^{n} p(X_i \mid \theta)$$

$$(3.24)$$

如果估计值 $\hat{\theta}$ 是使得似然函数 $L(\theta)$ 达到最大的参数 θ 的值，那么 $\hat{\theta}$ 就是 θ 的极大似然估计量，即

$$\hat{\theta} = \arg\max_{\theta} L(\theta) = \arg\max_{\theta} \prod_{i=1}^{n} p(X_i \mid \theta) \qquad (3.25)$$

为了便于计算，我们对似然函数取对数：

$$\hat{\theta} = \arg\max_{\theta} \ln L(\theta) = \arg\max_{\theta} \ln \prod_{i=1}^{n} p(X_i \mid \theta) = \arg\max_{\theta} \sum_{i=1}^{n} p(X_i \mid \theta)$$

$$(3.26)$$

(2)区间估计

点估计中我们直接对参数推断出一个实际的数值，但是由于样本不能完全反映总体的特征，点估计计算得到的估计值往往是有偏差的。为了解决以上问题，我们使用区间估计的方法，以更加科学的方式来描述估计量。区间估计不仅给出参数的具体估计值的取值范围，还对实际参数落在这个取值范围内的概率进行判断。其中给定的概率称为置信水平，一般用

百分数表示，为 $(1-\alpha)\times100\%$。α 为显著性水平，表示总体参数落在这个取值范围之外的概率。这个包含待估参数的取值范围称为置信区间。总体均值是我们最常估计的参数，本书以均值的区间估计来举例说明。

①一个总体均值的区间估计。

假设总体服从正态分布，总体均值 μ 未知，方差 σ^2 已知。设样本集 $X=\{X_1，X_2，\cdots，X_n\}$ 是从总体中抽取的 n 个样本，那么样本均值 $\overline{X}$ 也服从正态分布：

$$z=\frac{\overline{X}-\mu}{\sigma/\sqrt{n}}\sim N(0，1) \tag{3.27}$$

对于给定的置信水平 $(1-\alpha)$，查找对应的临界值 $z_{\alpha/2}$，可得标准化后样本均值的置信区间：

$$P(-z_{\alpha/2}<\frac{\overline{X}-\mu}{\sigma/\sqrt{n}}<z_{\alpha/2})=1-\alpha \tag{3.28}$$

利用不等式变形可得：

$$P((\overline{X}-z_{\alpha/2}\frac{\sigma}{\sqrt{n}})<\mu<(\overline{X}+z_{\alpha/2}\frac{\sigma}{\sqrt{n}}))=1-\alpha \tag{3.29}$$

故而总体均值 μ 的置信水平 $(1-\alpha)$ 的置信区间为：

$$\left(\overline{X}-z_{\alpha/2}\frac{\sigma}{\sqrt{n}}，\overline{X}+z_{\alpha/2}\frac{\sigma}{\sqrt{n}}\right) \tag{3.30}$$

也就是：

$$\left(\overline{X}\pm z_{\alpha/2}\frac{\sigma}{\sqrt{n}}\right) \tag{3.31}$$

假设总体服从正态分布，但是总体的方差 σ^2 未知，此时可以用样本方差 s^2 代替总体方差 σ^2。对于给定的置信水平 $(1-\alpha)$，总体均值 μ 的置信区间为：

$$\left(\overline{X}\pm z_{\alpha/2}\frac{s}{\sqrt{n}}\right) \tag{3.32}$$

当总体不服从正态分布时，只要是在大样本的情况下，依然可以用式 (3.32) 计算总体均值的置信区间。在小样本的情况下，比如样本容量 $n<30$，那么我们一般假设总体均值 μ 服从自由度为 $(n-1)$ 的 t 分布。

②两个总体均值之差的区间估计。

对于独立采样的两个总体，我们常常需要比较二者的差异，这里以两个总体的均值之差$(\mu_1-\mu_2)$为例。

μ_1、μ_2分别是两个总体的均值。分别从两个总体中抽取样本容量为n_1和n_2的两个样本集，样本均值记为$\overline{x_1}$和$\overline{x_2}$。现在我们需要对两个总体的均值之差$(\mu_1-\mu_2)$进行估计，显然，估计量是两个样本的均值之差$(\overline{x_1}-\overline{x_2})$。

假设两个总体都服从正态分布，当样本容量较大时，我们分别从两个总体中独立抽取样本。此时两个样本均值之差$(\overline{x_1}-\overline{x_2})$的抽样分布服从期望值为$(\mu_1-\mu_2)$、方差为$\left(\dfrac{\sigma_1^2}{n_1}+\dfrac{\sigma_2^2}{n_2}\right)$的联合正态分布，且这两个样本的均值之差经过标准化处理后，服从标准正态分布。

$$Z=\frac{(\overline{x_1}-\overline{x_2})-(\mu_1-\mu_2)}{\sqrt{\dfrac{\sigma_1^2}{n_1}+\dfrac{\sigma_2^2}{n_2}}}\sim N(0,\ 1) \tag{3.33}$$

如果两个总体的方差σ_1^2和σ_2^2都是已知的，那么在置信水平为$(1-\alpha)$的条件下，两个总体的均值之差$(\mu_1-\mu_2)$的置信区间为：

$$(\overline{x_1}-\overline{x_2})\pm z_{\alpha/2}\sqrt{\frac{\sigma_1^2}{n_1}+\frac{\sigma_2^2}{n_2}} \tag{3.34}$$

如果两个总体的方差σ_1^2和σ_2^2都是未知的，那么可以用两个样本的方差s_1^2和s_2^2来代替，这时在置信水平$(1-\alpha)$下，两个总体均值之差$(\mu_1-\mu_2)$的置信区间为：

$$(\overline{x_1}-\overline{x_2})\pm z_{\alpha/2}\sqrt{\frac{s_1^2}{n_1}+\frac{s_2^2}{n_2}} \tag{3.35}$$

3.2.3 假设检验

假设检验是统计学的一个重要分支，也是学术研究中最常使用的一个工具。首先对所研究的对象提出我们希望验证的假设，这个假设条件被称为原假设H_0，而与之相反的假设被称为备择假设H_1。有意思的是，在假设检验中，我们不去直接证明原假设为真，而是通过证明备选假设来推翻原假设。如果原假设被推翻了，那么就要拒绝原假设，选择备择假设。相反，如果根据统计结果，原假设没有被推翻，那么我们就选择在一定的置信水平下接受原假设。原假设与备择假设互斥，接受原假设意味着必须放弃备择假设。

举个简单的例子，假如我们需要对总体均值 μ 进行假设检验，假设检验的基本形式如表 3-1 所示。

表 3-1　假设检验的基本形式

假设	双侧检验	单侧检验	
		左侧检验	右侧检验
原假设	$H_0: \mu = \mu_0$	$H_0: \mu \geqslant \mu_0$	$H_0: \mu \leqslant \mu_0$
备择假设	$H_1: \mu \neq \mu_0$	$H_1: \mu < \mu_0$	$H_1: \mu > \mu_0$

（1）弃真错误、取伪错误

我们利用样本数据的统计量来判断对总体参数的假设是否成立，但样本是随机的，因而有可能出现小概率的错误。这种错误分两种，一种是弃真错误，另一种是取伪错误。

弃真错误也被称为第 I 类错误或 α 错误，是指原假设实际上是真的，但通过样本估计总体后，我们拒绝了真实的原假设。明显这是错误的。这种拒绝了真实原假设的错误叫弃真错误，这种错误的概率我们记为 α。这个值也是显著性水平，在假设检验之前我们会规定这个概率的大小。

取伪错误也叫第 II 类错误或 β 错误，是指原假设实际上是假的，但通过样本估计总体后，我们接受了原假设。明显这是错误的，我们接受的原假设实际上是假的，所以叫取伪错误，这个错误的概率我们记为 β。

原假设一般是想要拒绝的假设。因为原假设被拒绝，如果出错的话，只能犯弃真错误，而犯弃真错误的概率已经被规定的显著性水平控制。这样对统计者来说更容易控制，将错误影响降到最低。假设检验中各种可能结果的概率见表 3-2。

表 3-2　假设检验中各种可能结果的概率

项目	没有拒绝 H_0	拒绝 H_0
H_0 为真	$1-\alpha$（正确决策）	α（弃真错误）
H_0 为假	β（取伪错误）	$1-\beta$（正确决策）

（2）拒绝域

以显著性水平 α 为临界值，拒绝域就是落在临界值之外的区域。一般

我们会将显著性水平 α 设定成较小的值，如 0.05，表示事件不发生的概率。拒绝域的功能主要是用来判断假设检验是否拒绝原假设。

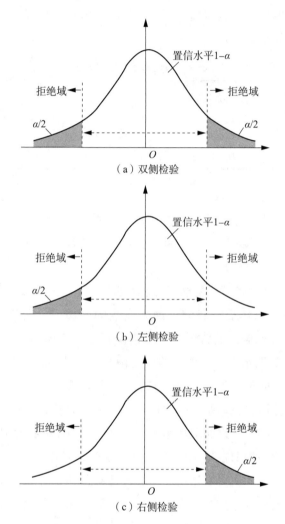

图 3-2　显著性水平、临界值和拒绝域

3.2.4　方差分析

前面我们讨论的都是关于一个总体或两个总体的统计问题，但在实际工作中我们可能需要对多个总体的均值进行比较。方差分析就是处理这类问题的常用方法。从假设提出的形式上看，方差分析是对多个总体的均值进行比较。从检验统计量的构造形式上看，方差分析比较的是组间误差和组内误差之间差异的大小。本书介绍单因素方差分析的方法。

单因素方差分析只对试验中某个单一因素的不同类别进行分析，分析步骤如下：

（1）提出假设

H_0：$\mu_1 = \mu_2 = \cdots = \mu_k$；

H_1：μ_1，μ_2，$\cdots$，μ_k 不全相等。

（2）计算有关均值

为了便于介绍，以单因素方差分析为例，数据的结构如表 3-3 所示。

表 3-3　单因素方差分析的数据结构

观察值序号	因素(i)			
	A_1	A_2	$\cdots$	A_k
1	x_{11}	x_{21}	$\cdots$	x_{k1}
2	x_{12}	x_{22}	$\cdots$	x_{k2}
$\cdots$	$\cdots$	$\cdots$	$\cdots$	$\cdots$
n	x_{1n}	x_{2n}	$\cdots$	x_{kn}

对因素 A 的 k 个水平分别用 A_1，A_2，$\cdots$，A_k 来表示，其中 x_{ij} 表示第 i 个因素（总体）的第 j 个观察值。对于不同的因素，我们可以抽取相等或不等数量的样本。

令 $\overline{x_i}$ 表示第 i 个总体的样本均值，则：

$$\overline{x_i} = \frac{\sum\limits_{j=1}^{n_i} x_{ij}}{n_i} \qquad (3.36)$$

其中，n_i 为第 i 个总体的样本观察值个数。

令总均值为 $\overline{\overline{x}}$，则：

$$\overline{\overline{x}} = \frac{\sum\limits_{i=1}^{k} \sum\limits_{j=1}^{n_i} x_{ij}}{n} = \frac{\sum\limits_{i=1}^{k} n_i \overline{x_i}}{n} \qquad (3.37)$$

（3）计算误差平方和

反映全部观察值离散程度的指标称为误差平方和，它计算了样本全部观察值 x_{ij} 与总均值 $\overline{\overline{x}}$ 之间误差的平方和，记作 SST。

$$SST = \sum_{i=1}^{k} \sum_{j=1}^{n_i} \left(x_{ij} - \overline{\overline{x}} \right)^2 \qquad (3.38)$$

不同组别不同水平下的总体，可通过式（3.38）计算样本均值之间的差异程度，这项统计指标称为水平项误差平方和，也称为组间平方和，记作 SSA。

$$SSA = \sum_{i=1}^{k} \sum_{j=1}^{n_i} (\overline{x_i} - \overline{\overline{x}})^2 = \sum_{i=1}^{k} n_i (\overline{x_i} - \overline{\overline{x}})^2 \qquad (3.39)$$

为了反映同一水平下，同一组别的样本各观察值的离散情况，我们引入了误差项平方和，也称为组内平方和或残差平方和，记作 SSE。

$$SSE = \sum_{i=1}^{k} \sum_{j=1}^{n_i} (x_{ij} - \overline{x_i})^2 \qquad (3.40)$$

以上三个平方和的关系是：$SST = SSA + SSE$。

（4）计算统计量

组间均方 MSA 的计算公式为：

$$MSA = \frac{SSE}{k-1} \qquad (3.41)$$

组内均方 MSE 的计算公式为：

$$MSE = \frac{SSE}{n-k} \qquad (3.42)$$

检验统计量为 F。F 是 MSA 与 MSE 的比值：

$$F = \frac{MSA}{MSE} \sim F(k-1, \ n-k) \qquad (3.43)$$

（5）做出统计决策

首先我们根据式（3.43）计算出检验统计量 F 的值，然后查找 F 分布表，找到在给定的显著性水平 α 下，分子分母的自由度分别是 $(k-1)$ 和 $(n-k)$ 的临界值 F_α。接着我们将检验统计量 F 和 F_α 进行比较，如果 $F > F_\alpha$，则说明统计量落在临界值之外的区域，要拒绝原假设 H_0。相反，如果 $F < F_\alpha$，则不能拒绝原假设 H_0。

3.2.5 回归分析

相关分析是研究两个或两个以上变量间相关关系的方法。对现象进行相关性分析的目的是，找出现象和现象之间相关关系的密切程度和变化规律，并且对现象进行判断或推断。回归分析是对多个变量进行相关性分析的一种方法。回归分析不仅关注变量之间的相关关系，还关注其中的因果关系，是根据已知变量的函数关系对未知变量进行预测的统计方法。

回归分析的主要内容和步骤如下：

首先，选择一个恰当的回归分析模型。根据理论分析所研究的客观现象，找出现象间的因果关系和相互间的联系，构建理论模型，以便得到一个较好的反映客观现象变化规律的回归模型。也可以通过绘制变量之间相关关系的散点图等，根据对图像的观察，选择拟合效果较好的回归模型。

其次，进行参数估计。以收集的样本数据为依据，为模型选择合适的参数。

再次，进行模型检验。对参数估计值进行评价，确定它们是否具有理论意义，在统计上是否显著。模型检验是十分重要的环节，模型只有通过检验才能用于实际。

最后，根据回归方程对未知变量进行预测。预测是回归分析的最终目的。

3.3　分类技术

分类任务在我们的生活中无处不在，时刻伴随着我们的决策过程，例如，音乐网站或软件会按照歌曲风格、歌手信息、用户收听历史将音乐分成不同的类型，从而帮助用户快速选择合适的歌曲。面对一些简单的分类问题，我们一般都可以处理，然而，当面对更加复杂的分类问题，尤其是数据量庞大的分类问题时，我们需要借助自动化的分类方法。本部分内容介绍了分类方法的关键概念，一些典型的应用场景，并详细描述了一些分类方法，例如基于最近邻的分类、人工神经网络等，最后讨论了分类过程中可能涉及的一些问题，例如多分类和数据不平衡问题。

3.3.1　分类技术的基本概念

分类技术的作用有两种：

（1）归类

将离散的数据样本划分到已知的类别。例如，根据日常交易记录，将银行账户信用风险等级分为低风险用户、中风险用户、高风险用户。

（2）预测

依据连续数据的历史记录，预测其未来的数据值，并基于预测值判断未来的分类。例如，根据过去一周天气的湿度数据，预测昨天 9 点的天气

湿度，并判断天气为晴/多云/小雨/中雨/大雨。

分类任务的一般思路如图3-3所示。将一组包含属性及类别标签的数据样本(训练数据)输入初始状态的分类器，分类器通过学习数据样本的隐含规则建立一个分类模型，该分类模型可以依据未标记数据(测试数据)的属性，判断其分类标签，实现对无标签数据进行分类的目的。分类器的性能可以通过对比预测标签与测试数据的实际标签进行评估。当分类器在训练数据集和测试数据集上表现都较为良好时，称其泛化性能较好。我们一般希望分类模型在处理未来不具标签的样本时具有较好的能力，而不是希望模型仅在训练数据集上有较好的表现。

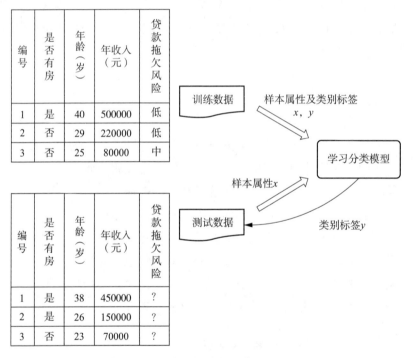

图3-3　分类任务和建立模型的框架

3.3.2　基于最近邻的分类

"近朱者赤，近墨者黑"，自古以来用于形容人受到外在环境的影响，将产生变化，这句话沿用至今，蕴含的理念同样适用于分类任务。基于最近邻的分类算法，通过找到与未知标签的实例相似但已知标签的样本，判断该实例的类别标签，这个与实例相似的样本称为其最近邻居。例如，一个物品闻起来像苹果，颜色、形状上也像苹果，那么它很可能是一个苹果。

如图 3-4 所示，假设数据样本分布在一个二维空间里，每个样本有 2 个属性，对于所有样本存在 3 个类别标签。当判断一个未知标签的实例的类别时，可以围绕该样本在空间中画圈，不同半径的圈可以寻找到 k 个不同数目的邻居，通过邻居的类别，可以对实例进行类别判断，当最近邻具有多个类别时，可以采取投票的方式决定实例的类别。

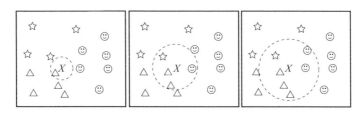

图 3-4　实例的 1、4、6 个最近邻

由图 3-4 可知，对于最近邻范围的选择或者对最近邻个数 k 的选择，可以影响实例最终确认的标签。如图 3-5 所示，当 k 值较小时，最近邻搜索范围缩小，类别判断容易受到临近的噪声数据的影响。当 k 值较大时，最近邻搜索范围扩大，容易将远离实例的样本纳入判断依据中，导致判断不准确。

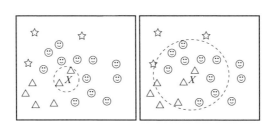

图 3-5　较小 k 值和较大 k 值的最近邻划分

（1）k-最近邻算法

k-最近邻算法的基本流程如图 3-6 所示。依据训练数据集 D 中的训练实例 (x, y)，算法计算测试实例 (x_t, y_t) 的 k 个最近邻，通过最近邻列表判断测试实例类别。

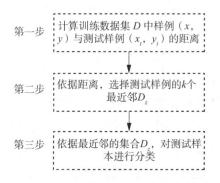

第一步 | 计算训练数据集 D 中样例（x, y）与测试样例（x_i, y_i）的距离

第二步 | 依据距离，选择测试样例的 k 个最近邻 D_z

第三步 | 依据最近邻的集合 D_z，对测试样本进行分类

图 3-6　k-最近邻算法流程（单个测试实例）

$$y' = \arg\max_{v} \sum_{(x_i,\ y_i)\ \in D_z} w_i \times I(v = y_i) \tag{3.44}$$

在获得了最近邻数据集 D_z 之后，对测试实例类别的判断可以采用投票的方式：其中，$I(\cdot)$ 为指示符函数，当类别标签最近邻集合中实例标签 y_i 等于 v 时，指示符函数返回 1，否则返回 0。当每个最近邻对测试样本来说同等重要时，w_i 对于每个 y_i 是均等的。同样，每个最近邻集合中实例的权重 w_i 是可以调节的，例如，依据训练实例到测试实例的距离计算权重，进行权重投票。

（2）k-最近邻算法的优缺点

①优点。

一是 k-最近邻算法的决策边界取决于训练集中样例的分布，可以为任意形状，相对于基于规则的分类方法，更加灵活，并可以通过对 k 值的调节改变灵活度。

二是最近邻分类器的原理较为简单，便于理解、学习和实现，参数较少。

三是由于不需要建立模型，节省了训练模型的时间。

四是可以用于处理多分类问题，并且可以用于预测问题。

②缺点。

k-最近邻算法是一种不需要训练模型的分类方法，对于未知标签的样例，需要计算其与训练样本中每个样例的距离，当数据量较大、数据特征较多时，计算量较大。

当数据集不平衡时，具有一类标签的样本大量存在，其他类型标签的样本相对稀疏，k 个最近邻容易覆盖具有大量样本的标签样本，导致测试样例易被判断为大容量类别。

当数据中存在错误数据或者噪声数据时，k 个邻居中若包含错误数据或者噪声数据，则会对分类准确性造成较大影响。

3.3.3　人工神经网络

神经网络最初的建立是用于对神经进行模拟，从而了解人的神经作用机制。人工神经网络的基础元件是神经元（见图 3-7），相互连接的神经元构成了网络。为了简化网络的构造，使其更易于理解，人们将相互连接的神经元划分为多个层级。人工神经网络模型应用广泛，能够处理各类分类问题，例如人脸识别、目标检测等。然而，人工神经网络对于输出结果的解释有一定难度。

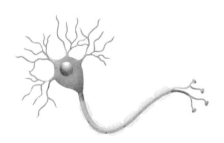

图 3-7　生物学中的一个神经元（周志华，2016）

（1）多层神经网络

通常，一组神经元会被划分到同一层，层与层之间逐级相连。前馈神经网络可以视为层与层之间向前传递信号。当一个信号数据进入人工神经网络，首先被输入层接收，传递给一个（或多个）隐藏层，信号在隐藏层之间进行运算处理并传递到下一层作为输入，直到输出层输出最终结果。

如图 3-8 所示，训练样本首先从输入层进入人工神经网络，在层与层之间，神经元的连接存在加权系数，这个系数可以用 w_{ij} 表示，即单元 j 到单元 i 的权重系数。当信号输送到单元 j，单元 j 通过进行激活函数的运算，计算输出 o_j 并传送到下一层的连接单元。

在人工神经网络的建模过程中，需要明确的参数包括：输入层包含的单元数目、中间负责运算和传递的层的数目、中间每层的单元数目、输出层包含的单元数目、初始权重、单元的激活函数、训练速率等。一个效果较好的人工神经网络模型需要适应数据特点、通过实验逐步调整、反复测

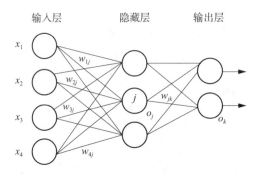

图 3-8　前馈神经网络举例

试，从而得出。针对不规则属性，可以将属性值的范围标准化，以帮助模型的学习。

（2）后向传播的神经网络

后向传播的神经网络与前馈神经网络的区别是，网络的权重会回送到前一层的输出单元，基于反馈调节权值，逐步最小化网络预测和实际类之间的均方差，直到权重的调节收敛停止。

后向传播算法的步骤如下：

①设定人工神经网络的各个参数的初始值，例如，从-1 到 1 随机生成数值作为权重初始值。

②对于训练数据中的每个实例，执行以下操作：

a. 对网络中的单元进行处理，输出值向前传播。

b. 输出层输出结果产生的误差向后传播依次回到上一层。

c. 调整权值及偏置，回到第 a 步重复，直到终止条件满足。

步骤 c 向前传播的具体操作包括：

输入层中每个单元的输出值等于其输入值，例如，单元 j 的输出值等于输入值：$O_j = I_j$，对于隐藏层的单元 j，其输入值为：

$$I_j = \sum_i w_{ij} o_i + \theta_j \tag{3.45}$$

其中，w_{ij} 代表网络中靠前一层的单元 i 与当前层单元 j 连接的权重系数，o_i 是单元 i 的输出值，θ_j 表示本层单元的偏置。

当选择逻辑激活函数作为单元计算方法时，对于给定的输入值 I_j，输出值为：

$$O_j = \frac{1}{1 + e^{-I_j}} \tag{3.46}$$

该激活函数可以将较大范围的输入值映射到较小的区间，较为常用的激活函数有几种，如线性函数、S 形函数、双曲正切函数、符号函数（见图 3-9）等。

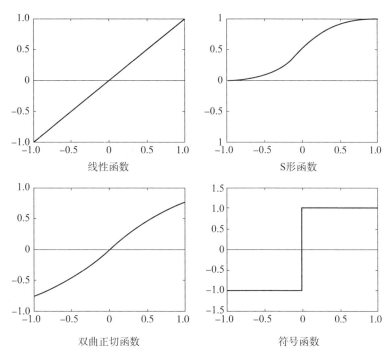

图 3-9　激活函数类型

步骤 c 向后传播误差的具体操作包括：

计算误差 Err_j：

$$Err_j = O_j(1-O_j)(T_j-O_j) \tag{3.47}$$

其中，O_j 是单元 j 的输出值，T_j 是单元 j 基于给定训练数据的一致标号的真正输出值，$O_j(1-O_j)$ 是逻辑激活函数的导数。

对于隐藏层的单元 j，其误差为：

$$Err_j = O_j(1-O_j)\sum_k Err_k w_{kj} \tag{3.48}$$

其中，w_{kj} 代表网络中靠前一层的单元 k 与当前层单元 j 连接的权重系数，Err_k 表示前一个单元 k 的误差。

基于 Err_k 更新连接权重：

$$\Delta w_{ij} = (l)Err_j O_i \tag{3.49}$$

$$w_{ij} = w_{ij} + \Delta w_{ij} \qquad (3.50)$$

其中，Δw_{ij} 是权重 w_{ij} 的变化，变量 l 是学习率，用于调节权重改变的幅度，通常介于 0 和 1 之间，学习率的调节有利于避免权重陷入局部最优。

基于 Err_k 更新单元偏置：

$$\Delta \theta_j = (l)\, Err_j \qquad (3.51)$$

$$\theta_j = \theta_j + \Delta \theta_j \qquad (3.52)$$

其中，$\Delta \theta_j$ 是偏置 θ_j 的变化。

3.3.4 支持向量机

支持向量机是一类使用决策边界来进行判断的机器学习模型，由于其对于复杂分类边界的建模能力较强，并具有较好的分类准确率，被广泛应用于很多实际领域，例如个性化推荐系统、数字识别、目标识别等。

我们可以通过一个具体例子，了解支持向量机的原理。假设在一个二维空间进行类别划分（见图 3-10），图中两类图形（圆形和方块）分别代表两类样本，我们可以通过找到一条线或多条线将两类样本分离开来，所找到的线就是决策边界。在多维空间中，同样可以尝试找到超平面作为决策边界。支持向量机的逻辑是搜索并选择最优的分割边界。

如何确认超平面是最优的？以图 3-10 中的超平面 B 为例，将 B 在其左侧和右侧平行移动，分别触及两类样本距离 B 最近的两个实例，可以得到两个边界 B_1 和 B_2，这两个平面称为 B 的边缘超平面。B_1 和 B_2 之间的距离被称为 B 的边缘。一个分割超平面的边缘越大，代表其分类决策的泛化性能越好；边缘越小，贴近超平面的新的实例越容易被分为另一类，造成结果不准确。

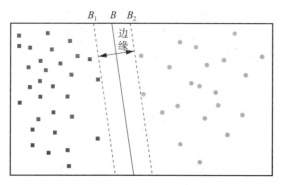

图 3-10 二维空间中的决策边界（超平面）

（1）线性支持向量机

线性支持向量机旨在寻找具有最大边缘的决策边界，其基本逻辑如下：

首先，线性的决策边界可以用线性方程表示：

$$wx+b=0 \tag{3.53}$$

其中，x 表示横坐标，w 和 b 表示参数。如图 3-11 所示，可以用 -1 和 1 分别表示方块和圆形的分类标签，当一个实例 z 落在 B_2 上方时，$wz+b>1$，当实例落在 B_1 下方时，$wz+b<1$，调整参数 w 和 b，决策边界随之调整，通过计算可以发现，边缘 d 的值等于 $\dfrac{2}{\|w\|}$。

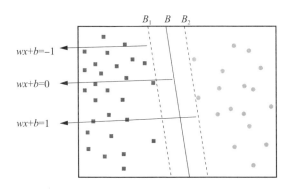

图 3-11　决策边界的方程表示

边缘 d 的计算推导简单表述如下：

如图 3-12 所示；在 B_1 和 B_2 上分别找两个数据点 x_1，x_2，使 $x_1w+b=-1$，$x_2w+b=1$，两个等式相减可得 $(x_2-x_1)w=2$，x_1 和 x_2 之间的连接线与 d 之间的角为 θ，由余弦计算公式 $\cos\theta=\dfrac{w\cdot(x_1-x_2)}{\|w\|\,\|x_1-x_2\|}$ 得出 $\cos\theta\|w\|\,\|x_1-x_2\|=2$，又由于 $\cos\theta\|x_1-x_2\|=d$，可以得到 $\|w\|d=2$，即 $d=\dfrac{2}{\|w\|}$。

（2）软边缘支持向量机

如图 3-13 所示，当不同类型的实例不能通过线性分割边界划分时，仍需要寻找较优的决策边界。此时，可以允许决策边界在对边界附近的实例进行分类时存在一定错误，同时对于距离边界较远的实例仍保持较高的分类准确率。

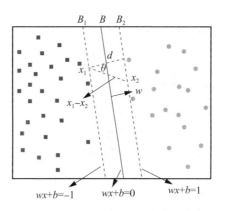

图 3-12　计算边缘 d 的说明

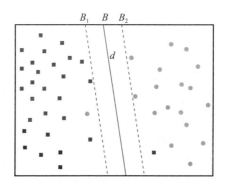

图 3-13　软边缘示例

当允许分割的超平面存在训练错误时，我们将分割的边缘，例如 B_1 和 B_2 称为软边缘，SVM 模型学习的目标是找到分割边缘宽度最大与错误分类率最低的平衡，该目标可以通过在训练目标中引入松弛变量实现，目标函数为：$\min \dfrac{1}{2} \| w \|^2 + C\left(\sum_{i=1}^{N} \xi_i\right)^k$，其约束为 $y_i(wx_i+b) \geqslant 1-\xi_i$（$i=1$，$2$，$\cdots$，$N$），其中，模型训练者可以指定 C 和 k 的参数值，对于训练误差实施不同程度的惩罚。

3.3.5　组合分类方法

分类方法在应用场景中，又可称为分类学习器。如果单个分类学习器的分类结果仅稍稍优于随机选择类别的结果，那么我们称之为"弱分类学习器"。反之，如果单个分类学习器能够达到较高的准确性，则称其为"强分类学习器"。尽管对于机器学习问题而言，准确性的小幅提升就能够为决策带来十分显著的好处，但是许多情况下，单个弱分类学习器并不能够满足人们的实际需求。所谓"众人拾柴火焰高"，除了改进单个分类学习器的算法，我们还可以使用组合分类的方式获得精确性更高、鲁棒性更强的模型。

　　所谓组合分类，顾名思义，就是通过一定的组合方式将多个弱分类器的预测结果结合起来，使模型获得更加优异的泛化性能。因此，基于数据处理构建组合分类学习器可以大致分为三个阶段（见图 3-14），第一阶段是建立多个子数据集，第二阶段是基于子数据集训练多个基分类学习器，第三阶段则是采取一定的组合手段将基分类学习器的预测结果组合起来并输出最终结果。此外，对数据特征进行采样同样可以用于建立多个基分类学习器。

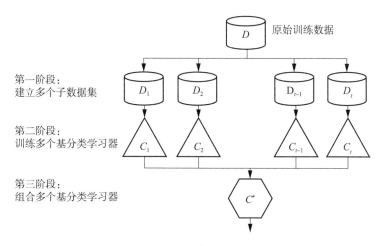

图 3-14　组合分类学习器示意图

　　生活中我们往往通过投票和"少数服从多数"的原则进行决策，这种方式对组合分类问题同样适用。投票法是最常用的组合方式，将基分类学习器的预测结果进行统计，并选择结果的众数作为最终输出结果。

　　举个简单的例子，假设当前有 25 个相互独立的基分类学习器，每个基分类学习器的预测误差为 $\varepsilon_c = 0.35$，如果有 13 个分类学习器的分类结果是正确的，剩余分类学习器的预测结果是错误的，则组合分类学习器的误差 ε_c 是：

$$\sum_{i=13}^{25} (25)\, \varepsilon^i (1-\varepsilon)^{25-i} = 0.035 \qquad (3.54)$$

显而易见，组合分类学习器的错误率远小于单一分类学习器。

我们将该结论推广到更一般化的情况，假设有 T 个相互独立的基分类学习器，每个基分类学习器的预测误差为 ε，组合分类学习器的预测误差为 ε_c，于是可以计算：

$$\sum_{i=0}^{T} \binom{T}{i} \varepsilon^i (1-\varepsilon)^{T-i} \qquad (3.55)$$

根据霍夫丁不等式：

$$\sum_{i=0}^{T} \binom{T}{i} \varepsilon^i (1-\varepsilon)^{T-i} \leqslant e^{-T(1-2\varepsilon)^2} \qquad (3.56)$$

当单个基分类学习器的误差 $\varepsilon<0.5$ 时，在组合中加入更多基分类学习器会有利于最终分类错误率以指数级的速度下降。当然不可忽略的是，上式成立的前提条件是基分类学习器相互独立且基分类学习器的准确率比随机预测的分类学习器高。

引导聚焦算法（Bagging）和提升法（Boosting）是两大类分类学习器的组合方法。引导聚焦算法又称套袋法或自助法，这种方法并行生成多个分类学习器，并采用使用又放回的采样方法，通过提升基分类学习器的独立性和稳定性，改善分类学习器的泛化性能。

随机森林是引导聚焦算法的一个经典代表。顾名思义，很多的树组成森林，多个决策树组成随机森林。在每一次预测的过程中，单个决策树可以生成一个分类结果，多个决策树的结果可以通过投票法或平均法进行结合，得到最终分类结果。此外，随机森林在树的节点采用一组随机选择的属性中的最佳属性，所以也结合了基于属性的组合模型建构思想。

在单个子决策树的训练过程中，决策树叶子的数目、叶子内最小样本数、数据样本采样的比重、属性采样的比重等参数决定了子决策树的训练结果。

提升法是一种串行集成方法，其代表算法有 Ada Boost、GBDT、XGBoost 等。提升方法采用序列策略训练决策树，后续训练的决策树针对前期训练的决策树的误差进行训练，如此循环迭代，直到最后训练的模型能够最大限度地降低误差，便不再增加模型数量。

自适应增强（AdaBoost）是最著名的提升法，也是理解提升法的最佳起点。其自适应能力体现在，后续训练的分类学习器会分配更多权重给错误分类的样本，同时弱分类学习器的权重会依据分类表现进行调节。在完成各个弱分类学习器的训练之后，分类误差较小的弱分类学习器将掌握更大的话语权。

3.4　聚类分析

对于航空公司的客户经理，客户关系管理是他们重要的工作内容之一。客户关系管理的核心内容是将客户数据集中的数据进行划分，根据客户特征，如年龄、性别、最近消费时间、消费频次等，将特征相似的客户放在一起构成一个客户群，然后根据客户群类型推出不同的销售策略。那么，什么类型的数据挖掘工具可以完成上述客户细分工作呢？上一节讲到的分类技术可以对数据进行分类，与分类不同，客户数据集中没有类别标号，所以没有先验知识可以参考。这时，可以采用聚类分析技术来解决客户细分问题（范明，孟小峰，2012）。

3.4.1　聚类分析的定义

聚类分析（cluster analysis）也称聚类（clustering），是将数据集中的所有数据（或对象）划分为多个簇（cluster）的过程（Jain & Dubes，1988），其中簇划分的依据是数据（或对象）的相似性。相似数据（或对象）所构成的集合就是簇。簇的集合就是一个聚类。聚类分析的结果是相似度高的数据尽可能在一个簇，相似度低的数据尽可能不在一个簇（Das，Abraham & Konar，2007）。将不同的聚类技术运用在同一个数据集上，所产生的聚类结果也会不同（Jain，2010）。聚类分析是有价值的，可以作为一个独立的方法获取数据中潜在的模式，观察每个簇中数据的特征，并对特定的簇进行深入分析。同时，聚类分析还可以作为其他数据科学技术方法中数据的预处理步骤（周志华，2016）。

作为统计学、计算机科学、数学等学科的交叉学科，聚类分析已经获得了广泛的研究和应用，应用领域包括工程、零售、金融、生物信息、医学等（Brandes，Gaertler & Wagner，2008；Dos Santos et al.，2019；Majumdar & Laha，2020；Pun & Stewart，1983）。在机器学习领域中，分类是一种有监督学习，因为数据集中的数据预先给定了类别标号，在学习过

程中可以根据类别标号预测新数据的隶属关系(Cherkassky & Mulier,
2009)。不同于分类,聚类分析是一种无监督学习方法,数据集中的数据
没有预先定义的类别标号,通过无标号数据集的学习过程发现数据的潜在
性质和规律(Cherkassky & Mulier, 2009; Jain, 2010)。

现有的聚类分析技术种类繁多,很难对其进行简单的分类,因为这些
类别可能会有重叠,从而使得一种聚类分析技术具备多个类别的特性
(Berkhin, 2006; Jain, Murty & Flynn, 1999)。虽然将聚类分析技术进行
分类是一项繁重的任务,但是为了深入理解现有的聚类分析技术,相对
清晰的划分仍然十分必要。本章以划分方法、层次方法和基于密度的方
法为基础,主要介绍三种方法对应的简单但重要的聚类分析技术:K-均
值、K-中心点、凝聚和分裂的层次聚类、DBSCAN(范明,范宏建,2011;
高丽荣,2012)。以上三种聚类方法将在3.4.3、3.4.4和3.4.5详细介绍。

3.4.2　相似性度量方法

两个数据(或对象)之间的相似或不相似度是重要的聚类指标(Mehta,
Bawa & Singh, 2020; Rokach & Maimon, 2005)。根据数据之间的相似性
程度,将相似度高的数据聚在一起,将相似度低的数据尽量分开。

相似性和相异性都称为邻近性(proximity)(Mehta et al., 2020),是具
有对立性的概念。例如,在航空公司客户群中,如果两名客户非常相似,
则他们的相似性度量值会接近1,相反,他们的相异性度量值就会接近0。
在聚类分析中,数据之间的相似性可以通过计算数据之间的距离来衡量
(Ahmad & Khan, 2019)。两个数据之间的距离越大,表明两个样本越不相
似,差异越大;两个样本之间的距离越小,表明两个样本越相似,差异越
小。特例是,当两个样本之间的距离为零时,表示两个样本完全一样,无
差异。通常,数据之间的距离是在数据的描述属性(特征)上进行计算的。
在不同应用领域,数据的描述属性类型可能不同,因此相似性的计算方法
也不尽相同。下面我们来讨论连续型属性(如重量、高度、年龄等)、二值
离散型属性(如性别、考试是否通过等)、多值离散型属性(如收入分为高、
中、低等)和混合类型属性(上述类型的属性至少同时存在两种)四种属性
类型相似性的度量方法(Gan, Ma & Wu, 2020; Han, Pei & Kamber,
2011)。

（1）连续型属性的相似性度量方法

存在数据点 X_i 和 X_j，其中 $X_i = (X_{i1}, X_{i2}, \cdots, X_{ip})$，$X_j = (X_{j1}, X_{j2}, \cdots, X_{jp})$，$p$ 是数据维度，并且每个维度都是连续的。在计算连续型属性的相似度的方法中，欧几里得距离是最流行的方法（Gan et al.，2020）。数据点 X_i 和 X_j 的欧几里得距离定义为：

$$
\begin{aligned}
d(i, j) &= \sqrt{(X_{i1} - X_{j1})^2 + (X_{i2} - X_{j2})^2 + \cdots + (X_{ip} - X_{jp})^2} \\
&= \sqrt{\sum_{k=1}^{p} (X_{ik} - X_{jk})^2}
\end{aligned}
$$

$$(3.57)$$

另外一个常用的度量方法是曼哈顿距离，也称"城市街区距离"（Gan et al.，2020；Mehta et al.，2020），其定义如下：

$$
d(i, j) = |X_{i1} - X_{j1}| + |X_{i2} - X_{j2}| + \cdots + |X_{ip} - X_{jp}| = \sum_{k=1}^{p} |X_{ik} - X_{jk}|
$$

$$(3.58)$$

闵可夫斯基距离也是一个常用的度量方法（Mehta et al.，2020），定义如下：

$$
\begin{aligned}
d(i, j) &= \sqrt[q]{|X_{i1} - X_{j1}|^q + |X_{i2} - X_{j2}|^q + \cdots + |X_{ip} - X_{jp}|^q} \\
&= \sqrt[q]{\sum_{k=1}^{p} |X_{ik} - X_{jk}|^q}
\end{aligned}
$$

$$(3.59)$$

其中，q 是实数，$q \geqslant 1$。值得注意的是，曼哈顿距离是式（3.59）中 $q = 1$ 的特殊情况；欧几里得距离是式（3.59）中 $q = 2$ 的特殊情况（Mehta et al.，2020）。两个数据之间的距离越小，代表它们的相似度越高，被聚在一簇的概率越大。

（2）二值离散型属性的相似性度量方法

二值离散型属性只包括两个取值。例如描述体检指标阴阳性时，取值 1 表示阳性，取值 0 表示阴性。存在数据点 X_i 和 X_j，其中 $X_i = (X_{i1}, X_{i2}, \cdots, X_{ip})$，$X_j = (X_{j1}, X_{j2}, \cdots, X_{jp})$，$p$ 是数据维度，并且每个维度都是二值离散型数值。假设二值离散型属性的两个取值（0 和 1）具有相同的权重，那么可以得到一个可能性矩阵（Gower，1971），如表 3-4 所示。

表 3-4 可能性矩阵

	1	0	总计
1	a	b	$a+b$
0	m	n	$m+n$
总计	$a+m$	$b+n$	

在可能性矩阵中，a 代表数据点 X_i 和 X_j 中属性同时为 1 的个数，b 代表数据点 X_i 的属性值为 1 而数据点 X_j 的属性值为 0 的个数，m 代表数据点 X_i 的属性值为 0 而数据点 X_j 的属性值为 1 的个数，n 代表数据点 X_i 和 X_j 的属性值同时为 0 的个数。

对一个数据集而言，对称的二值离散型属性是指属性值为 0 或 1 不存在差异性（Rokach & Maimon，2005），如成年（年龄 ≥ 18 岁）与未成年（年龄 < 18 岁）。用 0 表示未成年，用 1 表示成年，或者用 0 表示成年，用 1 表示未成年，这两种赋值方式没有差异。反之，如果属性值为 0 和 1 存在差异，则称为不对称的二值离散型属性（Rokach & Maimon，2005）。体检指标就是一个不对称的二值离散型属性的例子，显然阳性比阴性更为重要。

简单匹配系数（Simple Matching Coefficients，SMC）被用来计算具有对称的二值离散型属性的数据点之间的距离（王菲菲，2017；赵鑫龙，2017；Kaufman & Rousseeuw，2009），即 $SMC = (b+m)/(a+b+m+n)$。SMC 越小，代表数据点 X_i 和 X_j 相似度越大。杰卡德系数（Jaccard Index，JC）（Rokach & Maimon，2005）被用来计算具有不对称的二值离散型属性的数据点之间的距离，即 $JC = (b+m)/(a+b+m)$。同样，JC 越小，代表数据点 X_i 和 X_j 相似度越大。

（3）多值离散型属性的相似性度量方法

多值离散型属性是指属性值个数大于 2 的离散属性（赵鑫龙，2017）。例如，学历可以分为专科以下、专科、本科、硕士研究生和博士研究生 5 个层级。存在数据点 X_i 和 X_j，其中 $X_i = (X_{i1}, X_{i2}, \cdots, X_{ip})$，$X_j = (X_{j1}, X_{j2}, \cdots, X_{jp})$，$p$ 是数据维度，并且每个维度都是多值离散型数值。运用简单匹配方法和杰卡德方法计算两个数据点之间的距离（Gan et al.，2020）。存在包含 4 个样本、具有 3 个多值离散型属性的数据集，如表 3-5 所示。

表 3-5　数据集

样本序号	P_1	P_2	P_3
X_1	A	X	H
X_2	A	Y	L
X_3	B	O	M
X_4	C	X	H

简单匹配方法。简单匹配方法中距离的计算公式为

$$dist(X_i,\ X_j) = \frac{D-S}{D} \tag{3.60}$$

其中，D 为数据集中的属性个数，S 为样本 X_i 和 X_j 取值相同的属性的个数。$dist(X_i,\ X_j)$ 越小，代表两个数据点的相似度越大。经计算得到 $dist$ $(X_1,\ X_2) = (3-1)/3 = 2/3$，$dist(X_1,\ X_3) = (3-0)/3 = 1$，$dist(X_1,\ X_4) = (3-2)/3 = 1/3$。显然，$X_1$ 与 X_4 的相似度最大。

杰卡德方法。将数据集中多值离散型属性转换为二值离散型属性（见表 3-6），然后使用杰卡德系数计算数据点之间的相似度（赵鑫龙，2017；Rokach & Maimon，2005）。

表 3-6　多值离散型属性转换为二值离散型属性

样本序号	A	B	C	X	Y	O	H	L	M
X_1	1	0	0	1	0	0	1	0	0
X_2	1	0	0	0	1	0	0	1	0
X_3	0	1	0	0	0	1	0	0	1
X_4	0	0	1	1	0	0	1	0	0

（4）混合类型属性的相似性度量方法

在现实数据集中，数据的描述属性通常是各种属性类型的混合。在处理混合类型属性数据集时，需要将连续型属性和离散型属性分开进行预处理。对于连续型属性，需要将数据标准化到 0 和 1 之间。对于离散型属性，如果存在多值离散型属性，需要将其转换为二值离散型属性；如果不存在多值离散型属性，则无须处理。最终，经过预处理的数据集中只包含二值离散型属性和连续型属性（王倩，2017；Gower，1971；Rokach & Maimon，2005）。

存在预处理后的数据点 X_i 和 X_j，其中 $X_i = (X_{i1}, X_{i2}, \cdots, X_{ip})$，$X_j = (X_{j1}, X_{j2}, \cdots, X_{jp})$，$p$ 是数据维度，每个维度是连续型属性或二值离散型属性。数据点之间的距离的计算公式为：

$$d(X_i, X_j) = \frac{\sum_{k=1}^{p} \delta_{ij}^{(k)} d_{ij}^{(k)}}{\sum_{k=1}^{p} \delta_{ij}^{(k)}} \qquad (3.61)$$

其中，$d_{ij}^{(k)}$ 表示 X_i 和 X_j 在第 k 个属性上的距离（赵鑫龙，2017），取值为：

$$d_{ij}^{(k)} = \begin{cases} |X_{ik} - X_{jk}| & \text{当第 } k \text{ 个属性为连续型} \\ 0 & \text{当第 } k \text{ 个属性为二值离散型，且 } X_{ik} = X_{jk} \\ 1 & \text{当第 } k \text{ 个属性为二值离散型，且 } X_{ik} \neq X_{jk} \end{cases} \qquad (3.62)$$

$\delta_{ij}^{(k)}$ 表示第 k 个属性对计算 X_i 和 X_j 距离的影响。如果数据点 X_i 或数据点 X_j 没有第 k 个属性的度量值，即 X_{ik} 或 X_{jk} 丢失，则 $\delta_{ij}^{(k)} = 0$；如果数据点 X_i 和数据点 X_j 第 k 个属性为不对称的二值离散型属性且取值为 0，则 $\delta_{ij}^{(k)} = 0$；除以上情况外，$\delta_{ij}^{(k)} = 1$（赵鑫龙，2017）。

3.4.3 划分方法

划分方法是在给定的 n 个样本数据集 D 及生成 k 个簇的情况下，将数据集组织为 k 个划分（$k \leq n$），一个簇就是一个划分。划分的结果是高度相似的数据在一个簇，高度相异的数据在不同的簇。K-均值算法和K-中心点算法是划分方法的两个代表（Saxena et al.，2017）。

（1）K-均值算法

K-均值算法是将包含 n 个样本的数据集 $D = \{o_1, o_2, \cdots, o_n\}$ 划分成 K 个簇 $C_1, C_2, \cdots, C_K$，使得 $C_x \cap C_y = \phi(1 \leq x, y \leq K)$，$m_x$ 是簇 C_x 的中心。K-均值方法是用簇 C_i 中数据点的均值代表该簇的。数据点 $o_i \in C_i$ 与该簇的中心 m_i 之间的相似度用欧几里得距离 $dist(o_i, m_i)$ 度量。簇 C_i 的质量可以用 C_i 中数据点与簇中心 m_i 之间的误差项平方和 SSE 度量（Forgey，1965；MacQueen，1967）。SSE 可以表示为

$$SSE = \sum_{x=1}^{K} \sum_{o_i \in C_x} dist(o_i, m_x)^2 \qquad (3.63)$$

在 SSE 达到最优时，K-均值算法使得簇内聚类结果紧凑，簇间聚类结

果分离(荆永菊，2012)，K-均值算法的过程如表 3-7 所示。

表 3-7　K-均值算法的过程

输入：数据集 D、簇个数 K	
输出：划分的 K 个簇	
开始	①从数据集 D 中任意选择 K 个数据点作为初始化中心
	②计算每个数据点与簇中心的距离，并将每个数据点划分到最近的簇中
	③计算每个簇的均值，更新簇中心
	④重复步骤②和③，直到满足终止条件
结束	

利用 K-均值算法对数据进行聚类。给定如表 3-8 所示的数据集，利用 K-均值算法将其聚为 2 类，聚类结果如图 3-15 所示，结果簇为{1，2，7，8}和{3，4，5，6，9，10}，簇中心分别为(0.2125，0.3575)和(0.795，0.725)。

表 3-8　数据集

样本	属性1	属性2	样本	属性1	属性2
1	0.30	0.28	6	0.95	0.73
2	0.12	0.27	7	0.28	0.54
3	0.91	0.82	8	0.15	0.34
4	0.62	0.42	9	0.75	0.83
5	0.54	0.53	10	1.00	1.00

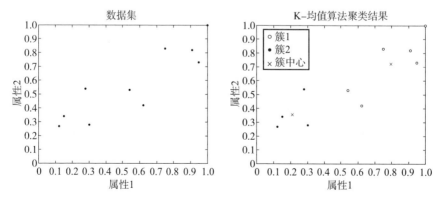

图 3-15　K-均值聚类结果

K-均值算法执行简单，计算复杂度低，能够较好地发现球形簇。但是，需要事先给定簇数目 K，并且对簇中心的初始化非常敏感，对噪声点和离群点也很敏感（Wu et al.，2008）。

（2）K-中心点算法

由于 K-均值算法对噪声点和离群点很敏感，当数据集中存在这样的点时，聚类结果的准确率会大幅降低。给定表 3-8 所示的数据集，利用 K-均值算法将其聚为 2 个簇，结果簇为 |1，2，7，8| 和 |3，4，5，6，9，10|，SSE 为 0.4756。若将样本 10 作为异常点处理，再次利用 K-均值算法将其聚为 2 个簇，结果簇为 |3，6，9| 和 |1，2，4，5，7，8|，SSE 为 0.3082。由此可见，当数据集中存在异常点时，簇中心会受到异常点的影响而偏离簇中的样本点，从而降低聚类结果的质量。

为了减少异常点对聚类结果质量的负向影响，可以使用 K-中心点算法（Park & Jun，2009）。K-中心点算法是从数据集中找到代表数据结构特征的 K 个数据点作为簇中心（Rdusseeun & Kaufman，1987），其余数据点依据相似度划分到相应的簇中。与 K-均值算法不同，K-中心点算法使用曼哈顿距离来计算样本点之间的距离，因此对异常点的鲁棒性更强（Khatami et al.，2017）。

当 K 是正整数且大于 3 时，用 K-中心点算法进行聚类是一个 NP-非确定性多项式问题（Falkenauer，1998）。因此，需要一种方法来实现 K-中心点算法，围绕中心点划分（Partitioning Around Medoids，PAM）算法就是这样一种方法（Kaufman & Rousseeuw，2009）。PAM 算法与 K-均值算法一样随机从数据集中选择初始簇中心。然后，选择一个非簇中心点来替换簇中心，替换标准是新的簇中心能够提升聚类质量。当所有的替换完成或聚类质量不再优化，算法停止迭代。PAM 算法过程如表 3-9 所示。可以运用数据点与其簇中心的平均相似度函数 C 来估计聚类质量（张宪超，2017；Zadegan，Mirzaie & Sadoughi，2013），C 表示为：

$$C = \sum_{x=1}^{K} \sum_{o_i \in C_x} dist(o_i, o_j)^2 \qquad (3.64)$$

表 3-9　PAM 算法过程

输入：数据集 D、簇个数 K		
输出：划分的 K 个簇		
开始	（1）从数据集 D 中任意选择 K 个数据点作为初始化中心	
	（2）对于每个簇中心和数据集 D 中的每个数据点 o_i	
		①计算每个数据点与簇中心的距离，并将每个数据点划分到最近的簇中
		②随机选择一个非簇中心的数据点 o_r，计算 o_r 代替簇中心的平均相似度函数 C
		③如果 $C<0$，则用 o_r 代替簇中心，形成新的簇中心集合
	（3）重复步骤（2），直到数据点的划分没有变化为止	
结束		

利用 K-中心点算法对数据进行聚类。给定如表 3-8 所示的数据集，利用 K-中心点算法将其聚为 2 类。聚类结果如图 3-16 所示，结果簇为 {1，2，4，5，7，8} 和 {3，6，9，10}，其中样本点 1 和 3 为簇中心，C 为 0.4446，优于 K-均值算法的 0.4756。

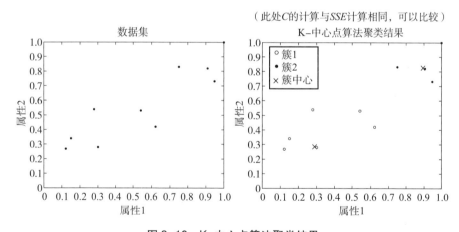

图 3-16　K-中心点算法聚类结果

如果数据集中存在异常点，则 K-中心点算法较 K-均值算法更具鲁棒性，对这些异常点不敏感。但是，K-中心点算法的计算更为复杂，同样也需要事先给定簇数目 K。

3.4.4　层次方法

层次方法是将数据划分成层次结构或倒"树"状结构。层次方法可以由

树叶方向朝着树根方向进行聚类——自底向上。这种形式的聚类方法是凝聚的层次聚类（Murtagh，1983；Pérez-Suárez，Martínez-Trinidad & Carrasco-Ochoa，2019）。将每个样本点作为一个独立的簇，然后依次合并相似的样本或者簇，直至所有样本或簇被合并为一个大簇或达到预设终止条件为止。典型的凝聚的层次聚类算法为AGNES（Agglomerative Nesting）。相反，层次方法也可以由树根方向朝着树叶方向进行聚类——自顶向下。这种形式的聚类方法是分裂的层次聚类（Murtagh，1983；Pérez-Suárez et al.，2019）。将所有样本作为一个簇，然后，依次将这个簇划分为小簇，直到所有的样本单独为一个簇或达到预设终止条件为止。典型的分裂的层次聚类算法为DIANA（Divisive Analysis）（Kaufman & Rousseeuw，2009）。

（1）凝聚和分裂的层次聚类

图3-17展示了AGNES算法和DIANA算法。给定一个包含6个样本{A，B，C，D，E，F}的数据集。对于AGNES算法而言，将每个样本作为一个单独的簇，然后将相似的样本或者簇进行合并，如将样本A、B与C、D和E分别合并在一起，直到6个样本被合成一个大簇。DIANA算法的操作流程和AGNES算法相反，将所有样本作为一个簇，然后，依次将这个簇划分为小簇，如将簇{A，B，C，D，E，F}分裂为{A，B，C}和{D，E，F}，直到所有的样本单独为一个簇。最后，根据预设的K值，选择不同层级的聚类结果。假如$K=3$，则聚类结果为{A，B，C}、{D，E}和{F}三个簇。

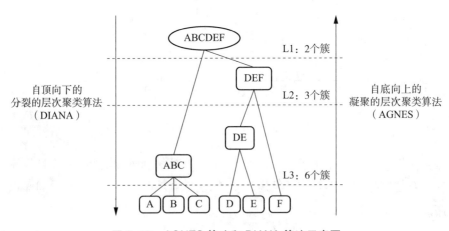

图3-17　AGNES算法和DIANA算法示意图

（2）层次方法的距离计算

在层次聚类中，簇的合并和分裂的准则取决于两个簇之间的距离。常见簇间距离度量为最小距离、最大距离、均值距离和平均距离（范明，孟小峰，2012；Xu & Wunsch，2005）。给定包含 n 个样本的数据集 $D = \{o_1, o_2, \cdots, o_n\}$，划分成 K 个簇 C_1，C_2，$\cdots$，C_K。o_i 和 o_j 是数据集中的任意两个样本，C_i 和 C_j 是 o_i 和 o_j 所在的簇，n_i 和 n_j 是 C_i 和 C_j 中样本点的个数，4 种距离计算如下：

$$最小距离： dist(C_i, C_j) = \min_{o_i \in C_i, o_j \in C_j} |o_i - o_j| \tag{3.65}$$

$$最大距离： dist(C_i, C_j) = \max_{o_i \in C_i, o_j \in C_j} |o_i - o_j| \tag{3.66}$$

$$均值距离： dist(C_i, C_j) = |o_i - o_j| \tag{3.67}$$

$$平均距离： dist(C_i, C_j) = \frac{1}{n_i n_j} |o_i - o_j| \tag{3.68}$$

当用一个簇中任意一点与另一个簇中任意一点的最小距离来度量这两个簇间距时，如果聚类进程因这个最小距离超过预先设定的边界值而终止，称此方法为单连接算法（Mehta et al.，2020；Sneath，1957）。凝聚方法就是采用的单连接算法。当用一个簇中任意一点与另一个簇中任意一点的最大距离来度量这两个簇间距时，如果聚类进程因这个最大距离超过预先设定的边界值而终止，称此方法为全连接算法（Mehta et al.，2020）。根据最小距离和最大距离的定义可知，这两种距离的计算方法对噪声点或离群点比较敏感。为减少这些异常点对聚类结果质量的反向影响，可以使用均值距离或平均距离来替代上述两种距离（Mehta et al.，2020；Svvorensen，1948）。

凝聚和分裂的层次聚类算法执行简单，能够产生较高质量的簇。但是凝聚的层次聚类算法有可能遇到合并点选择困难的情况，分裂的层次聚类算法有可能遇到一旦分裂不可撤销的情况。因此，在进行层次聚类前，可先使用其他技术进行部分聚类，这样凝聚和分裂存在的问题就可以得到缓解。

3.4.5　基于密度的方法

基于密度的方法定义为由密度稀疏区域进行分隔的方法（Angelova，Beliakov & Zhu，2019；Ester et al.，1996），如果一个数据点属于某一个簇，则其邻域的密度应相当高（Pandove，Goel & Rani，2018）。由于基于密度的聚类是根据数据在空间上的分布情况进行的，不需要人为设定簇个数。因此，如果对数据集没有关于标签类的先验知识，可以采取基于密度的聚类方法对数据集进行聚类（Angelova et al.，2019）。给定数据集 $D =$

$\{o_1, o_2, \cdots, o_n\}$，样本 o_i 的密度通过对该点半径（radius）范围内的样本进行计数得到（包括 o_i 本身）。o_i 被划分到某个相近的簇的标准是，当 o_i 的密度大于邻域密度阈值（*MinPts*）。在基于密度的聚类方法中，通常包含核心点、边界点和噪声点三种类型的点。如图 3-18 所示，$MinPts = 4$。核心点定义为在该点半径范围内，$MinPts \geqslant 4$ 的点，菱形即为核心点。边界点定义为非核心但是落在某个核心点领域内的点，圆形即为边界点。噪声点为除核心点和边界点以外的其他点，三角形即为噪声点。典型的基于密度的方法为 DBSCAN 算法（Density-Based Spatial Clustering of Applications with Noise，DBSCAN）（Ester et al.，1996）。（Ester et al.，1996）。

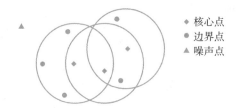

图 3-18　核心点、边界点和噪声点

在 DBSCAN 算法中，数据点通过吸收其邻域中的所有数据点来创建一个簇，它可以发现任意形状的聚类，并且忽略噪声点（Pandove et al.，2018）。根据核心点、边界点和噪声点的定义，DBSCAN 算法将任意两个比邻的核心点归到一个簇中，与该核心点靠近的边界点也归到同一个簇中，忽略噪声点。DBSCAN 算法如表 3-10 所示。

表 3-10　DBSCAN 算法

输入：数据集 D、半径、邻域密度阈值 *MinPts*	
输出：基于密度的簇的集合	
开始	①重复
	②从数据集中抽出一个未处理的点
	③如果抽出的点是核心点，那么找出所有从该点密度可达的对象形成一个簇
	④或者抽出的点是边缘点（非核心对象），跳出此次循环，寻找下一个点
	⑤直到所有的点都被处理为止
结束	

利用 DBSCAN 算法对数据进行聚类。给定包含 13 个样本 2 个属性的数据集，使用 DBSCAN 算法进行聚类。将该数据集绘制在二维坐标轴上，

如表 3-11 所示。现设 $radius = 2$，$MinPts = 3$。通过 DBSCAN 算法，找到了数据集中的三点，并将其分为两个簇，如图 3-19 所示。DBSCAN 算法将原始数据集划分为 2 个簇，其中菱形为核心点，圆形为边界点，三角形为噪声点。

表 3-11　数据集

	o_1	o_2	o_3	o_4	o_5	o_6	o_7	o_8	o_9	o_{10}	o_{11}	o_{12}	o_{13}
d_1	1	2	5	4	5	11	6	7	5	1	3	5	3
d_2	2	1	4	3	7	7	9	9	5	12	10	10	3

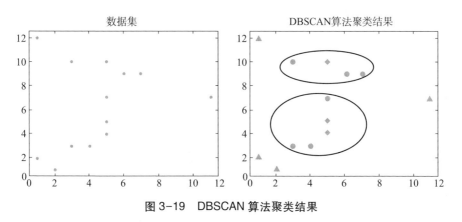

图 3-19　DBSCAN 算法聚类结果

与 K-均值算法、AGNES 算法和 DIANA 算法不同，DBSCAN 算法无须将簇个数作为输入参数，簇个数可以通过算法迭代找到并作为最终输出结果。同时，DBSCAN 算法可以发现除球形以外的其他形状的簇，能够识别数据集中的异常点（章永来，周耀鉴，2019）。此外，DBSCAN 算法有两个重要的输入参数：半径和邻域密度阈值。不同的参数取值组合，对聚类质量有着重要的影响。同时，当数据集中数据点很稀疏或者疏密程度相差很大时，聚类质量较差（Liu，Zhou & Wu，2007）。

3.4.6　聚类评估

当在数据集 D 上使用一种聚类方法时，需要进行聚类评估。一般来说，聚类评估是估计一个数据集可以进行聚类分析的可能性和聚类结果的质量（Adolfsson，Ackerman & Brownstein，2019；Arbelaitz et al.，2013）。在聚类分析前，需要对数据集的分布进行估测，以此来判定数据集是否适

合聚类分析。如果数据集中存在非随机结构，则数据集的聚类分析才有意义。在聚类分析时，诸如 K-均值算法等算法需要给出数据集中的簇数，因此需要在获得聚类结果之前估计合适的簇个数。在聚类分析后，需要运用内在方法或外在方法对聚类质量进行评估，从而测定簇对数据集的拟合程度，或者比较两种不同聚类方法在同一数据集上的聚类结果（Halkidi，Batistakis & Vazirgiannis，2001）。

（1）聚类趋势评估

聚类趋势评估是确定给定的数据集中是否存在非随机结构。如果数据集中的数据是随机分布的，那么对数据集进行聚类分析可能找不到有意义的簇。通常，可以通过评估数据集均匀分布的概率来检验数据集的随机性（Adolfsson et al.，2019）。我们采用一种简单的统计量——霍普金斯统计量（Hopkins Statistic）来解释上述思想。

霍普金斯统计量可以用来检验数据在空间上分布的随机性（Panayirci & Dubes，1983）。给定数据集 D，均匀地从 D 空间中抽取 n 个点 X_1，X_2，…，X_n。对于每个点 $X_i(1 \leqslant i \leqslant n)$，可以找到 X_i 在 D 中的最近邻，并让 p_i 为 X_i 与其在 D 中最近邻之间的距离，即 $p_i = \min\{dist(X_i, m)\}$，$m \in D$。随后，均匀地从 D 空间中抽取 n 个点 Y_1，Y_2，…，Y_n。对每个点 $Y_i(1 \leqslant i \leqslant n)$，找出 Y_i 在 $D-\{m\}$ 中的最近邻，并令 q_i 为 Y_i 与其在 $D-\{m\}$ 中的最近邻之间的距离，即 $q_i = \min\{dist(Y_i, D-\{m\})\}$，$m \in D$。则霍普金斯统计量为：

$$H = \frac{\sum\limits_{i=1}^{n} q_i}{\sum\limits_{i=1}^{n} p_i + \sum\limits_{i=1}^{n} q_i} \tag{3.69}$$

如果 D 是均匀分布的，则 $\sum\limits_{i=1}^{n} p_i$ 和 $\sum\limits_{i=1}^{n} q_i$ 非常接近，故 H 接近 0.5。如果 D 不是均匀分布的，则 $\sum\limits_{i=1}^{n} q_i$ 要比 $\sum\limits_{i=1}^{n} p_i$ 大，故 H 接近 0。只有当 H 接近 0 时，数据集中存在非随机结构，这时数据集才适合进行聚类分析。

（2）簇个数估计

在聚类方法中，估计簇个数是非常重要的。不仅是诸如 K-均值算法等方法需要预设 K 值，而且适合的簇个数也可以看作数据集有趣并且重要的统计量（范明，孟小峰，2012；Berkhin，2006）。通常我们可以运用经验法和肘方法来估计簇个数。通过经验法，对于包含 n 个样本的数据集，簇个数通常可以设置为 $\sqrt{(n/2)}$（Bezdek & Pal，1995）。在肘方法中，通常可以采用多种无监督聚类质量评估指标（详见聚类质量评估）来估计簇个数。

利用肘方法评估簇个数。给定数据集 D，采用误差项平方和 SSE 曲线来发现数据集中簇的个数（Rokach & Maimon，2005）。如图 3-20 所示，当簇个数为 4 时，SSE 曲线出现了拐点。因此，可以将数据集 D 的簇个数设置为 4。当然还可以通过其他无监督指标来设置 K 值，通过寻找拐点、峰点等发现簇个数。虽然肘方法并不总是有效，但是仍然可以用来初步确定簇个数。

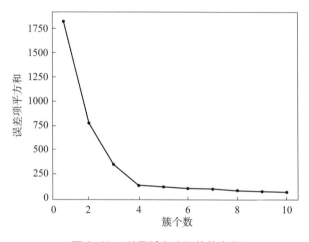

图 3-20　利用肘方法评估簇个数

（3）聚类质量评估

聚类质量评估通常分为内在方法和外在方法。这两种方法的区别在于是否有参考基准。基准是一种带有标签信息的聚类。内在方法指的是没有可参考的基准，聚类质量的好坏通过聚类结果的紧凑性和分离性来估计。外在方法指的是有可以参考的基准，聚类质量的好坏通过比较聚类结果和基准来估计（José-García & Gómez-Flores，2016）。

①内在方法。

内在方法常用的指标有 SSE，Calinski-Harabaz，轮廓系数（Silhouette Coefficient），Dunn，Generalized Dunn，Davies-Bouldin，CS measurement，I-index，Xie-Beni（Arbelaitz et al.，2013；Liu et al.，2013）。现以轮廓系数

为例来说明如何运用内在方法评估簇的质量。

将包含 n 个样本的数据集 D 划分成 k 个簇 C_1，C_2，$\cdots$，C_K。对于每个样本 $o \in D$，$o \in C_i$，计算 o 与 o 所在的簇内其他样本之间的平均距离 $a(o)$。$b(o)$ 是指 o 与其他所有簇的最小平均距离。则：

$$a(o) = \frac{\sum\limits_{o' \in C_i,\ o \neq o'} dist(o,\ o')}{|C_i| - 1} \tag{3.70}$$

$$b(o) = \min_{C_{j:}\ 1 \leqslant j \leqslant k,\ j \neq i} \left\{ \frac{\sum\limits_{o' \in C_j} dist(o,\ o')}{|C_j|} \right\} \tag{3.71}$$

样本 o 的轮廓系数定义为：

$$s(o) = \frac{b(o) - a(o)}{\max\{a(o),\ b(o)\}} \tag{3.72}$$

轮廓系数取值范围为 $[-1,\ 1]$。$a(o)$ 的值表明了包含 o 的簇的簇内紧凑性，$a(o)$ 越小，簇内越紧凑。$b(o)$ 的值表明了包含 o 的簇与其他簇的分离程度，$b(o)$ 越大，簇与簇之间越分离。因此，当 $s(o)$ 为正时，即 $b(o)$ 大于 $a(o)$，代表包含 o 的簇的簇内紧凑、簇间分离，这是聚类分析追求的结果。当 $s(o)$ 为负时，即 $b(o)$ 小于 $a(o)$，代表 o 到其他簇的平均距离小于 o 到所属簇的平均距离，这样的聚类结果不太理想。

②外在方法。

外在方法常用的指标有精度、召回率、F_1 度量、准确率、纯度、熵等（Rendón et al.，2011）。现以精度、召回率和 F_1 度量为例来说明如何运用外在方法评估簇的质量。

存在数据集 $D = \{o_1,\ o_2,\ \cdots,\ o_n\}$ 被划分成 K 个簇 $C = \{C_1,\ C_2,\ \cdots,\ C_K\}$。设 $T(o_i)(1 \leqslant i \leqslant n)$ 是根据基准获得的 o_i 的簇标签，$P(o_i)$ 是 o_i 在簇 $C_j(1 \leqslant j \leqslant K)$ 中的簇标签。两个样本 o_x 和 $o_y(1 \leqslant x,\ y \leqslant n,\ x \neq y)$ 在簇 C 中的正确性如式（3.73）所示，精度、召回率和 F_1 度量如式（3.74）、式（3.75）和式（3.76）所示。其中，精度越高，代表聚类结果越好。召回率越大，代表聚类结果越好。F_1 度量是精度和召回率的结合，F_1 越高，代表聚类结果越好。

$$Cor(o_x,\ o_y) = \begin{cases} 1 & \text{如果 } T(o_x) = T(o_y) \Leftrightarrow P(o_x) = P(o_y) \\ 0 & \text{其他} \end{cases} \tag{3.73}$$

$$精度 = \frac{1}{n}\sum_{i=1}^{n} \frac{\sum\limits_{o_y:\ x \neq y,\ P(o_x)=P(o_y)} Cor(o_x,\ o_y)}{\| \{o_y \mid x \neq y,\ P(o_x)=P(o_y)\} \|} \quad (3.74)$$

$$召回率 = \frac{1}{n}\sum_{i=1}^{n} \frac{\sum\limits_{o_y:\ x \neq y,\ T(o_x)=T(o_y)} Cor(o_x,\ o_y)}{\| \{o_y \mid x \neq y,\ T(o_x)=T(o_y)\} \|} \quad (3.75)$$

$$F_1\,度量 = \frac{2 \times 精度 \times 召回率}{精度 + 召回率} \quad (3.76)$$

3.4.7　聚类技术应用案例

本节将前面介绍的划分方法、层次方法和基于密度的方法用于数据聚类分析。数据集的类型分别是线性可分没有重叠的 Iris(Asuncion & Newman，2007)数据集、线性可分有重叠的 Aggregation(Gionis，Mannila，& Tsaparas，2007)数据集和线性不可分没有重叠的 Flame(Fu & Medico，2007)数据集，数据集描述如表 3-12 所示。

表 3-12　数据集描述

数据集	样本数	维度	簇个数
Iris	150	4	3
Aggregation	788	2	7
Flame	240	2	2

本节实验在 Python3.7 上运行，聚类算法来自 sklearn 库中的 K-均值聚类算法、层次聚类算法和 DBSCAN 算法。以 F_1 度量作为聚类质量评估的外在指标。算法迭代进行 20 次，最终输出簇个数、平均 F_1 度量值，聚类结果如表 3-13 和图 3-21、图 3-22、图 3-23 所示。

由表 3-13 可知，在 Iris 数据集上，K-均值算法所获得的 F_1 度量值最高(即性能最好)，DBSCAN 在没有给定簇个数的情况下，也能找到正确的簇个数并且算法性能仅次于 K-均值聚类算法。对于 Aggregation 数据集，DBSCAN 在没有给定簇个数的情况下，能找到正确的簇个数并且算法性能最好。层次聚类算法性能优于 K-均值算法。对于 Flame 数据集，DBSCAN 在没有给定簇个数的情况下，同样能找到正确的簇个数并且算法性能最好。K-均值算法性能优于层次聚类算法。总体来看，K-均值算法适合发现球形簇，很难发现非球形的簇。DBSCAN 算法能够发现任意形状的簇，并且可以忽略噪声点。

表 3-13 聚类结果

数据集	指标	K-均值聚类算法	层次聚类算法	DBSCAN 聚类算法
Iris	簇个数	3	3	3
	F_1 度量	0.8853	0.8338	0.8833
Aggregation	簇个数	7	7	7
	F_1 度量	0.8478	0.8992	0.9949
Flame	簇个数	2	2	2
	F_1 度量	0.8397	0.7205	0.9874

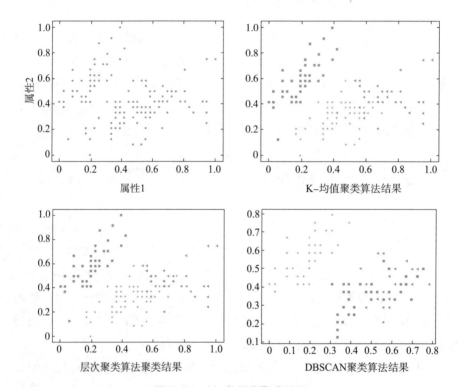

图 3-21 Iris 数据集聚类结果

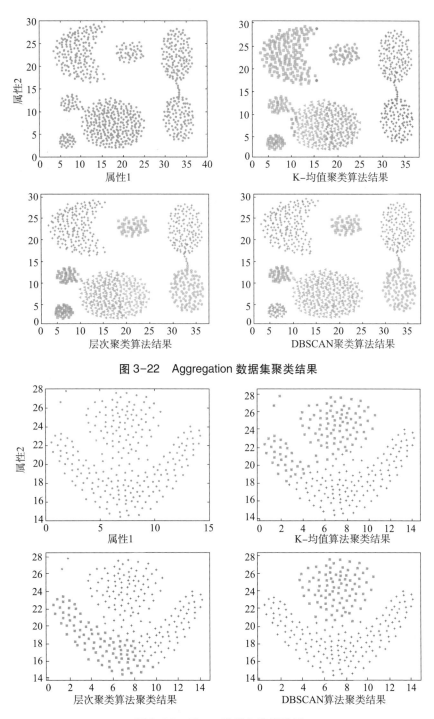

图 3-22　Aggregation 数据集聚类结果

图 3-23　Flame 数据集聚类结果

3.5 本章小结

本章对数据科学技术常用的基础理论和方法进行了简单介绍，阐述了数据分析及挖掘技术整体概论，介绍了描述统计和推断统计等数据统计分析方法。

首先，围绕数据科学研究方法，介绍了模型、策略和算法三要素；数据科学技术方法的模型评估和选择，包括误差、过拟合、欠拟合、泛化能力等内容；数据统计分析框架，涵盖数据分布特征的度量、参数估计、假设检验、方差分析和回归分析等。其次，介绍了两大类数据分析方法：分类技术和聚类技术。分类技术部分介绍了其基本概念，以及经典的分类方法，如基于最近邻的分类、人工神经网络、支持向量机和组合分类方法。聚类分析部分介绍了聚类分析的定义、相似性度量的方法、划分方法、层次方法、基于密度的方法、聚类评估和聚类技术应用案例。除了本章提到的几种数据科学分析方法之外，还有其他预测、分类和聚类技术，如网格聚类、基于概率模型的聚类等（Berkhin，2006）。想要深入使用数据科学技术进行复杂问题的分析，掌握这些基础知识是远远不够的，还需要对相关技术和原理进行更为系统和深度的学习。

参 考 文 献

[1]范明，范宏建.数据挖掘导论[M].北京：人民邮电出版社，2011.

[2]范明，孟小峰.数据挖掘：概念与技术[M].北京：机械工业出版社，2012.

[3]高丽荣.构建基于Web挖掘的个性化学习系统[D].北京：北京工业大学，2012.

[4]李航.统计学习方法(第2版)[M].北京：清华大学出版社，2019.

[5]荆永菊.数字图书馆中图像二值化技术应用[J].现代情报，2012，32(5)：55-57.

[6]盛骤，谢式千，潘承毅.概率论与数理统计(第四版)[M].北京：高等教育出版社，2008.

[7]王菲菲.k-means聚类算法的改进研究及应用[D].兰州：兰州交通大学，2017.

［8］王倩.基于数据挖掘的入侵检测技术的研究与实现［D］.北京:北京邮电大学,2017.

［9］张宪超.数据聚类［M］.北京:科学出版社,2017.

［10］章永来,周耀鉴.聚类算法综述［J］.计算机应用,2019,39(7):1869-1882.

［11］赵鑫龙.云计算安全动态检测与静态评测技术研究［D］.大连:大连海事大学,2017.

［12］周志华.机器学习［M］.北京:清华大学出版社,2016.

［13］ADOLFSSON, A., ACKERMAN, M., BROWNSTEIN, N. C. To cluster, or not to cluster: An analysis of clusterability methods［J］. Pattern Recognition, 2019(88): 13-26.

［14］AHMAD, A., KHAN, S. S. Survey of state-of-the-art mixed data clustering algorithms［J］. Ieee Access, 2019(7): 31883-31902.

［15］ANGELOVA, M., BELIAKOV, G., ZHU, Y. Density-based clustering using approximate natural neighbours［J］. Applied Soft Computing, 2019(85): 105867.

［16］ARBELAITZ, O., et al. An extensive comparative study of cluster validity indices［J］. Pattern Recognition, 2013, 46(1): 243-256.

［17］ASUNCION, A., NEWMAN, D. UCI machine learning repository. In.

［18］BERKHIN, P. A survey of clustering data mining techniques［J］. In Grouping multidimensional data, 2006, Springer: 25-71.

［19］BEZDEK, J. C., PAL, N. R. On cluster validity for the fuzzy c-means model［J］. Ieee Transactions on Fuzzy Systems, 1995, 3(3): 370-379.

［20］BRANDES, U., GAERTLER, M., WAGNER, D. Engineering graph clustering: Models and experimental evaluation［J］. ACM Journal of Experimental Algorithmics, 2008(12): 1-26.

［21］CHERKASSKY, V., MULIER, F. M. Learning from data: concepts, theory, and methods(2nd E d.)［M］. Journal of the American statistical assciation, 2009, 104(485): 413-414.

［22］DAS, S., ABRAHAM, A., KONAR, A. Automatic clustering using an improved differential evolution algorithm［J］. IEEE Transactions on Systems, Man, and Cybernetics-Part A: Systems and Humans, 2007, 38(1): 218-237.

［23］DOS SANTOS, B. S., STEINER, M. T. A., FENERICH, A. T., LIMA, R. H. P. Data mining and machine learning techniques applied to public health prob-

lems: A bibliometric analysis from 2009 to 2018[J]. Computers & Industrial Engineering, 2019(138): 106120.

[24]ESTER, M., et al. A density-based algorithm for discovering clusters in large spatial databases with noise[S]. Paper presented at the Kdd, 1996.

[25]FALKENAUER, E. Genetic algorithms and grouping problems[J]. Software Practice and Experience, 1998, 28(10): 1137-1138.

[26]FORGEY, E. Cluster analysis of multivariate data: Efficiency vs. interpretability of classification[J]. Biometrics, 1965, 21(3): 768-769.

[27]FU, L., MEDICO, E. FLAME, a novel fuzzy clustering method for the analysis of DNA microarray data[J]. BMC bioinformatics, 2007, 8(1): 3.

[28]GAN, G., MA, C., WU, J. Data clustering: theory, algorithms, and applications: SIAM, 2020.

[29]GIONIS, A., MANNILA, H., TSAPARAS, P. Clustering aggregation. ACM Transactions on Knowledge Discovery from Data(TKDD), 2007, 1(1), 4-es.

[30]GOWER, J. C. A general coefficient of similarity and some of its properties [J]. Biometrics, 1971, 27(4): 857-871.

[31]HALKIDI, M., BATISTAKIS, Y., VAZIRGIANNIS, M. On clustering validation techniques[J]. Journal of Intelligent Information Systems, 2001, 17(2-3): 107-145.

[32]HAN, J., PEI, J., KAMBER, M. Data mining: concepts and techniques [M]. Amsterdam: Elsevier, 2011.

[33]JAIN, A. K. Data clustering: 50 years beyond K-means[J]. Pattern Recognition Letters, 2010, 31(8): 651-666.

[34]JAIN, A.K., DUBES, R. C. Algorithms for clustering data[M]. Upper Saddle River: Prentice-Hall, Inc, 1988.

[35]JAIN, A. K., MURTY, M. N., FLYNN, P. J. Data clustering: a review [J]. ACM computing surveys(CSUR), 1999, 31(3): 264-323.

[36]JOSé-GARCíA, A., GóMEZ-FLORES, W. Automatic clustering using nature-inspired metaheuristics: A survey[J]. Applied Soft Computing, 2016(41): 192-213.

[37]KAUFMAN, L., ROUSSEEUW, P. J. Finding groups in data: an introduction to cluster analysis(Vol. 344)[M]. New York: John Wiley & Sons, 2009.

[38]KHATAMI, A., et al. A new PSO-based approach to fire flame detection

using K-Medoids clustering [J]. Expert systems with applications, 2017 (68):
69-80.

[39]LIU, P., ZHOU, D., WU, N. VDBSCAN: varied density based spatial
clustering of applications with noise [C]//Paper presented at the 2007 International
conference on service systems and service management, 2007.

[40]LIU, Y., et al. Understanding and enhancement of internal clustering val-
idation measures. IEEE transactions on cybernetics, 2013, 43(3), 982-994.

[41]MACQUEEN, J. Some methods for classification and analysis of multivariate
observations[C]. Paper presented at the Proceedings of the fifth Berkeley symposium
on mathematical statistics and probability, 1967.

[42] MAJUMDAR, S., LAHA, A. K. Clustering and classification of time
series using topological data analysis with applications to finance[J]. Expert systems
with applications, 2020, 162(1): 113868.

[43] MEHTA, V., BAWA, S., SINGH, J. Analytical review of clustering
techniques and proximity measures[J]. Artificial Intelligence Review, 2020(53):
5995-6023.

[44] MOSES, & LINCOLNE. Think and explain with statistics [M]. Boston :
Addison-Wesley Pub, 1986.

[45]MURTAGH, F. A survey of recent advances in hierarchical clustering algo-
rithms[J]. The computer journal, 1983, 26(4): 354-359.

[46]PANAYIRCI, E., DUBES, R. C. A test for multidimensional clustering
tendency[J]. Pattern Recognition, 1983, 16(4): 433-444.

[47]PANDOVE, D., GOEL, S., RANI, R. Systematic review of clustering
high-dimensional and large datasets. ACM Transactions on Knowledge Discovery from
Data(TKDD), 2018, 12(2): 1-68.

[48]PARK, H. S., JUN, C. H. A simple and fast algorithm for K-medoids
clustering[J]. Expert systems with applications, 2009, 36(2): 3336-3341.

[49]PéREZ-SUáREZ, A., MARTíNEZ-TRINIDAD, J. F., CARRASCO-
OCHOA, J. A. A review of conceptual clustering algorithms[J]. Artificial Intelligence
Review, 2019, 52(2): 1267-1296.

[50]PUN, J. G., STEWART, D. W. Cluster analysis in marketing research:
Review and suggestions for application[J]. Journal of marketing research, 1983, 20
(2): 134-148.

［51］RDUSSEEUN, L. K. P. J. , KAUFMAN, P. Clustering by means of medoids. North-Holland, 1987.

［52］RENDóN, E. , et al. Internal versus external cluster validation indexes ［J］. International Journal of computers and communications, 2011, 5(1): 27-34.

［53］ROKACH, L. , MAIMON, O. Clustering methods. In Data mining and knowledge discovery handbook(pp. 321-352): Springer.

［54］ROSS, S. M. (1994). A first course in probability. Macmillan College.

［55］SAXENA, A. , et al. A review of clustering techniques and developments ［J］. Neurocomputing, 2017(267): 664-681.

［56］SNEATH, P. H. The application of computers to taxonomy［J］. Microbiology, 1957, 17(1): 201-226.

［57］SVVORENSEN, T. A New Method of Establishing Groups of Equal Amplitude in Plant Sociology Based on Similarity of Species Content and Its Application to Analysis of the Vegetation on Danish Commons. K. Dan. Videns. Selsk, 5(4), 1.

［58］WOLPERT, D. H. , MACREADY, W. G. No Free Lunch Theorem for Search, SFI-TR-95-02010, The Santa Fe Institute, Santa Fe. JPL.

［59］WU, X. , et al. Top 10 algorithms in data mining［J］. Knowledge and information systems, 2008, 14(1): 1-37.

［60］XU, R. , WUNSCH, D. Survey of clustering algorithms［J］. IEEE Transactions on neural networks, 2005, 16(3): 645-678.

［61］ZADEGAN, S. M. R. , MIRZAIE, M. , SADOUGHI, F. Ranked k-medoids: A fast and accurate rank-based partitioning algorithm for clustering large datasets［J］. Knowledge-Based Systems, 2013(39): 133-143.

第4章
数据科学的应用

4.1　推荐算法

4.1.1　推荐算法的发展与现状

随着互联网及信息技术的发展，衍生了海量的数据，我们已进入信息过载的时代。信息过载意味着我们可以从互联网上获取更为丰富的信息及服务，但也意味着我们需要花费更多的时间去搜寻它们。

从另一个角度看，每个人都是生而不同的，在性格特征、成长环境等方面存在差异，因此每个人都具有不同的偏好。与此同时，随着生活质量的提升，阅读、影视欣赏及购物等非生存需求日益增加，然而这类需求在很多时候是无意识的，也就是说用户无法准确地知道自己想要什么。因此，最好的选择，就是不需要选择。基于信息过载、偏好差异及需求的不确定性，推荐系统应运而生。

（1）推荐系统的定义

Resnick 等（1997）给出了推荐系统的定义，推荐系统通过获取及分析用户信息，为用户提供商品信息和建议。在电子商务网站，推荐系统扮演销售人员的角色，帮助客户完成购买过程。简单来说，推荐系统是根据用户在网站上的行为及习惯，结合用户的特征属性（如地域、性别等），以及物品的特征信息（如价格、类型等），确定用户的兴趣，并将合适的信息以合适的方式推送给用户，帮助用户找到他们喜欢而又不易找到的信息或商品，满足用户的个性化需求。

在本质上，推荐系统提升了信息分发及获取的效率。

（2）推荐系统的发展历程

1964 年，信息过载的概念被首次提出。1990 年，推荐系统的概念首次

由哥伦比亚大学的 Karlgren 教授提及。1992 年，Goldberg 第一次提出协同过滤的概念。随后，推荐系统的兴起与互联网的发展紧密相连。2003 年，亚马逊的推荐系统在互联网领域广为人知，也使协同过滤算法成为当时的主流推荐算法（Linden，2003）。2006 年，Netflix 悬赏一百万美元，激发参赛者设计出效果更好的推荐算法。该比赛吸引全球近四万支队伍参加，使得越来越多的人研究推荐算法，因此随后几年涌现出大量经典的推荐算法。

近年来，推荐系统被广泛运用到各大平台上。面对用户，推荐系统能够提供个性化的服务，提升用户获取信息的效率，节约用户的时间。面对企业，推荐系统帮助企业吸引新用户，留住现有用户，增加用户黏性，为企业增加营收。

4.1.2　推荐算法的应用

推荐系统已广泛运用于互联网行业，如商品推荐、新闻资讯及视频音乐平台的内容推荐等。推荐系统的精准度，很大程度上影响用户在平台上的体验，从而进一步影响用户的感知与决策。同时，传统行业也离不开推荐系统，小到餐饮行业的线上推广，大到金融保险行业的产品推荐，推荐系统推动了企业的精准营销。

下文将会解释推荐系统的经济学本质及其应用场景。

（1）推荐系统的经济学本质

如图 4-1 所示，从左端的最高点可以发现，几乎所有销量都集中在前列的少数商品上。聚焦于这些热门商品，能够让商家以最少的产品获得更大的销量。但事实上，非热门商品所形成的长尾巴（图的右端），具有不可低估的价值规模。如果将这些排名靠后的商品组合起来，就可以形成一个与热门市场相匹敌的大市场，这就是"长尾理论"。

在长尾经济的主导下，企业以"规模化"的模式生产"个性化"的产品，极大地丰富了产品种类。但在此情况下，用户需花费更大的精力与时间去挑选自己心仪的产品。因此，帮助用户从海量的产品和服务中挑选出自己需要的，是推荐系统的价值所在。

在运用推荐系统以实现"长尾经济"方面，亚马逊堪称典范。它将需求量较少的商品进行细分，为用户提供小众商品的选购机会，拓宽了商品渠

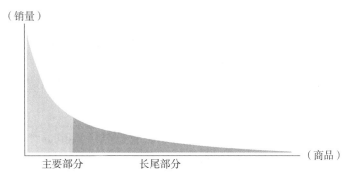

图 4-1　长尾理论（Anderson，2006）

道。与此同时，它运用了基于协同过滤的推荐系统，通过收集与分析用户的浏览及购买行为，进行关联推荐，为用户提供选购指导，从而带动长尾商品的销售。

（2）推荐系统与传统的搜索系统

推荐系统落地于两大场景，分别为搜索引擎及推荐引擎。它们的原理及整体架构较为相似，都是通过输入一定的特征，输出相关的结果，但是其具体的实现方法存在一定差异。搜索引擎的输入特征以搜索词为主，通过访问内容库找到最相关的内容候选集。而推荐引擎的输入特征主要是用户画像（年龄、收入等）及历史行为等，此处可能没有搜索词，通过访问内容库找到用户感兴趣的内容候选集，如图 4-2 所示。

图 4-2　搜索引擎及推荐引擎

对于搜索引擎，用户主动搜索内容，其意图明确，在召回阶段更加强调显式匹配的结果，并且要求排序居前列的内容能够满足个性化需求。而对于推荐引擎，用户被动接受系统的内容推荐，意图模糊，着重把握用户需求，根据用户的画像或历史行为，过滤出用户感兴趣的信息，推荐给用户。

（3）推荐系统的应用场景

推荐系统广泛应用于各个领域，如电商平台、生活服务平台、内容服务平台、知识教育平台及搜索引擎平台等。

在电商平台上，企业通过"千人千面"推荐系统，结合用户画像、用户行为等特征为用户推荐商品，能够大幅度地增加平台的收入。例如，某位用户经常浏览或购买婴儿用品、护理产品、家居产品等，那么推荐系统就会将该用户标记为精致妈妈群体，后续会给该用户推荐其他类型的婴儿用品，如奶粉、婴儿车等，从而拉动其他产品的销售。

对于内容服务平台，如视频音乐、教育课堂、知识分享等，平台可以结合用户兴趣、用户浏览行为、用户社交兴趣等，为用户推荐高品质且喜欢的内容。例如，视频媒体的"看了又看""为你推荐""好友力荐"等板块。对于生活服务类平台，如餐饮外卖、旅游预订等平台，可以根据用户的地理位置、用户行为等，为用户推荐临近或者相关的产品或服务。例如，旅游预订平台在用户购买机票后，为用户推荐目的地附近的酒店及景点。

(4) 内容推荐的应用案例

下面将以新闻资讯平台为例，简单介绍推荐系统的应用场景及工作原理。

新闻资讯平台的内容推荐流程主要包括提取特征、构建及训练模型、根据预测结果召回文章、排序及展示等。首先，提取三个维度的特征作为该推荐系统的输入变量。第一个维度是用户特征 X_i，具体包括用户画像（性别、年龄、职业、兴趣等）和用户行为（搜索、浏览、收藏、关注、评论等）；第二个维度是用户所处环境的场景特征 X_u，具体包括时间、地理位置、网络、天气等，这是移动互联网时代推荐的特点，不同场合下的信息偏好有所不同；第三个维度是新闻文章特征 X_c，具体包括文章主题词、兴趣标签、作者、热度等。

这三个维度的特征 (X_i, X_u, X_c) 作为输入变量，输入预测模型 f 中，模型会根据算法返回推荐结果 Y，根据结果可评估该推荐内容在当下场景是否满足用户的需求。最后，召回满足用户需求的文章，并按照特定的评估目标（点击导向、互动导向等）对候选集进行排序，选取排序靠前的文章进行展示，如图 4-3 所示。

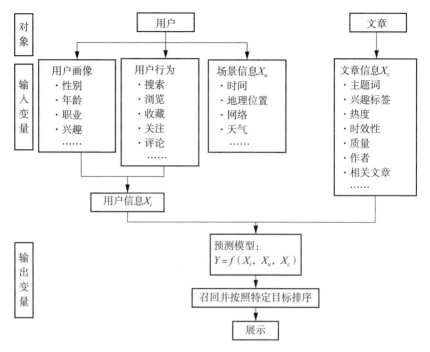

图 4-3　新闻资讯平台的推荐流程

4.1.3　推荐系统的核心步骤与常用特征

（1）推荐系统的核心步骤

推荐系统具有两大核心步骤，分别是召回和排序，两者都依赖内容库（广告、商品等）及用户数据（画像、行为等）。召回主要是利用少量的特征、模型及规则，对候选集进行快速的筛选，即将数百万条数据进行过滤，筛选出数千条最相关结果，能够减少排序阶段的时间开销。排序步骤则是利用复杂模型及多特征，进行精准排序，将最终推荐结果展示给用户，如图 4-4 所示。

召回和排序存在较大的差异。召回的数据规模比较大，同时更加强调计算的速度，因此该步骤所使用的特征比较少，模型也相对简单，以满足召回的计算需求。排序的数据量较少，追求更为精准的推荐，因此需要用相对复杂的模型进行处理。

（2）推荐系统常用的特征

推荐系统中常用的特征有以下几种：

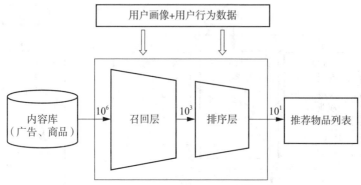

图4-4　推荐系统的核心步骤

①用户行为数据。用户行为可分为显性反馈行为和隐性反馈行为，显性反馈行为有评分、点赞等，隐性反馈行为包括点击、加购等。由于显性反馈行为的收集难度较大，数据量较小，隐性反馈行为在现阶段变得更加重要。

②用户关系数据。通过用户与用户之间的数据，即用户之间是否互相关注、是否互相点赞、是否为好友关系、是否同处一个社区，来判断用户关系的强弱程度。

③用户/物品标签。用户标签包括性别、年龄、兴趣等用户特征，物品标签包括类别、价格等物品特征。

④内容类数据。内容类数据主要是描述用户或者物品的数据，如描述型文字及图片等。

⑤上下文信息。上下文信息主要包括时间和地点信息，即在不同的时间及地点，推荐不同的物品。

4.1.4　协同过滤

简单来说，协同过滤（Collaborative Filtering）是利用兴趣相似的群体的喜好或行为，预测当前用户对哪些商品感兴趣，从而将用户感兴趣的信息推荐给他们。这个算法被广泛地运用到电子商务行业，如亚马逊平台，通过为客户提供个性化的商品推荐，促进商品的销售。

传统的协同过滤算法主要有基于物品的协同过滤算法和基于用户的协同过滤算法。一般情况下，这两种算法都只需要输入用户-物品的打分矩阵。

（1）基于物品的协同过滤算法

根据用户的历史喜好分析出相似物品，然后给用户推荐同类物品，可理解为"物以群分"。比如，小明喜欢小熊、篮球和小车，并给了好评。同时发现小王也喜欢小熊和小车，那么我们可以认为喜欢小熊的人也喜欢小车，即两个物品具有相似性。现在，如果小红给了小熊好评，那么可以把小车推荐给小红（见图 4-5）。

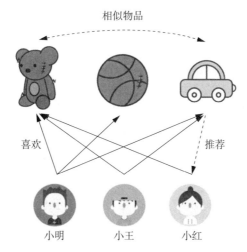

图 4-5 基于物品的协同过滤算法举例讲解

（2）基于用户的协同过滤算法

根据用户的历史爱好，找出一群与之具有相似兴趣的人，然后给用户推荐这群人喜欢的物品，可以理解为"人以类聚"。例如，小明和小红都喜欢小熊和篮球，并都给这两个物品打了高分，那么可以认为小明和小红具有相似的兴趣。此时，我们还发现小明还给小车打了高分，那么可以把这辆小车推荐给小红，如图 4-6 所示。

（3）基于用户的协同过滤算法步骤

基于用户的协同过滤算法主要有以下三个步骤：

①通过计算用户之间的相似度，找到与当前用户具有相似兴趣的其他用户，这些用户称为近似邻居。

②对于当前用户没有见过的每个物品，利用近似邻居对该物品的评分，来预测当前用户对该物品的评分。

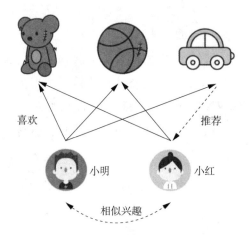

喜欢　　　　　　　　　　　　　　　　推荐

小明　　　　　　小红

相似兴趣

图 4-6　基于用户的协同过滤算法举例讲解

③对上面的预测评分进行排序，选取 top-N 的产品进行推荐。

（4）基于用户的协同过滤例子讲解

假设，给定一个用户-物品评分矩阵（见表 4-1），每一行代表一个用户 U 的评分数据，每一列代表一个物品 I 的评分数据。空白的地方代表用户从未见过该物品，暂时没有评分，需要我们去预测。

在表 4-1 中，用户 U_1 暂未对物品 I_2 进行评分，但是我们发现用户 U_2、U_4、U_5 都已经对物品 I_2 进行了评分。那么，按照基于用户的协同过滤思想，我们可以先分别计算出用户 U_1 与用户 U_2、U_4、U_5 的相似度。然后根据用户 U_2、U_4、U_5 对物品 I_2 的评分，来预测用户 U_1 给物品 I_2 的评分。如果该评分比较高，那么可以给用户 U_1 推荐物品 I_2。

表 4-1　用户-物品评分矩阵

	I_1	I_2	I_3	I_4
U_1	4	?	5	5
U_2	4	2	1	
U_3	3		2	4
U_4	4	4		
U_5	2	1	3	5

①计算用户之间的相似度——皮尔森相关系数。

我们定义用户集合为 $U = \{U_1，U_2，\cdots，U_n\}$，物品集合为 $I = \{I_1，$

I_2，$\cdots$，I_m}。评分项 $r_{u,i}$ 代表用户 u 在物品 i 上的评分，评分区间定义为 1 分(不喜欢)到 5 分(喜欢)。

Herlocker 等(1999)提出，在基于用户的协同过滤算法中，皮尔森相关系数会更胜一筹，因此我们选用皮尔森相关系数来计算用户 u 和用户 v 之间的相似度 $W_{u,v}$：

$$W_{u,v} = \frac{\sum_{i \in I} (r_{u,i} - \overline{r_u})(r_{v,i} - \overline{r_v})}{\sqrt{\sum_{i \in I} (r_{u,i} - \overline{r_u})^2} \sqrt{\sum_{i \in I} (r_{v,i} - \overline{r_v})^2}} \tag{4.1}$$

其中 $\overline{r_u}$，$\overline{r_v}$ 分别为用户 u 和用户 v 的平均评分。

现计算用户 U_1，U_2 的相关度 $W_{1,2}$：

$$W_{1,2} = \frac{(4-\overline{r_1})(4-\overline{r_2}) + (5-\overline{r_1})(1-\overline{r_2})}{\sqrt{(4-\overline{r_1})^2 + (5-\overline{r_1})^2} \sqrt{(4-\overline{r_2})^2 + (1-\overline{r_2})^2}} = -0.98$$

此处 $\overline{r_1} = (4+5+5)/3$，$\overline{r_2} = (4+2+1)/3$。

皮尔森相关系数取值从-1(强负相关)到 1(强正相关)，用户 U_1 与用户 U_2、U_4、U_5 的相似度分别为-0.98、0、0.68。

②根据用户相关度，预测用户对物品的评分。

接下来，将采用 Resnick 等(1994)中的方法预测用户对物品的评分。从表 4-1 可以获得用户 U_2、U_4、U_5 对物品 I_2 的评分，将这些评分结合用户之间的相似度 $W_{u,v}$，预测用户 U_1 给物品 I_2 的评分 $P_{1,2}$：

$$P_{1,2} = \overline{r_1} + \frac{\sum_{u \in \{2,4,5\}} (r_{u,2} - \overline{r_u}) \cdot W_{1,u}}{\sum_{u \in \{2,4,5\}} |W_{1,u}|}$$

$$= \overline{r_1} + \frac{(r_{2,2} - \overline{r_2}) \cdot W_{1,2} + (r_{4,2} - \overline{r_4}) \cdot W_{1,4} + (r_{5,2} - \overline{r_5}) \cdot W_{1,5}}{|W_{1,2}| + |W_{1,4}| + |W_{1,5}|}$$

$$= 4.67 + \frac{(2-2.33) \times (-0.98) + (4-4) \times 0 + (1-2.75) \times 0.68}{0.98 + 0 + 0.68} = 4.15$$

$$\tag{4.2}$$

在式(4.2)中，由于每个人的评分标准存在差异，也就是说有的人倾向于打高分，有的人倾向于打低分，为了消除差异性，每个用户在 I_2 上的打分 $r_{u,2}$ 都需减去其平均打分 $\overline{r_u}$。此处，预测用户 U_1 给物品 I_2 的评分为 4.15 分。

（5）算法的优缺点

优势：有推荐新信息的能力；只需要用户评分数据就能得到不错的结果，且工程量较小。

问题：数据稀疏性，即在评分矩阵中，往往有上百万个用户及上百万个商品，但是每个用户仅仅购买少数商品，或者每个商品仅仅被少数用户购买，因此该矩阵极其稀疏，将会影响推荐的准确度；算法扩展性，即当用户和物品的数量增加的时候，最近邻算法的计算量也会随之增加，因此不适合在数据规模比较大的情况下使用。

4.1.5　基于内容的推荐

如先前所介绍，协同过滤是目前最流行的推荐算法，被广泛运用到实践中。除了用户的评分数据，该技术不需要知道产品的任何信息，这意味着可以不向系统提供实时、详细的产品描述信息，从而能够有效地减少计算的代价。

然而，在有些情况下，如果我们知道小明近期经常阅读 A、B、C 等书，而且这些书大都属于武侠小说类型，那么我们可以推测出小明喜欢阅读武侠小说。同时，我们还知道 D 书也是一本武侠小说。那么基于以上两点，我们可以将 D 书推荐给小明，如图 4-7 所示。

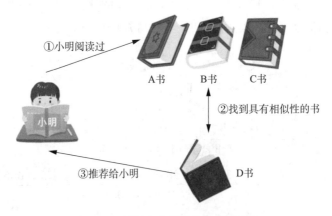

图 4-7　基于内容的推荐的案例说明

根据用户过去喜欢的产品，为用户推荐与之类似的产品，这就是基于内容的推荐（Content-based Recommendation）。这种方法有别于协同过滤，它不需要巨大的用户群体及评分数据，只需要两类信息就能直观地完成推荐，分别是产品的特征描述信息及用户偏好信息。

（1）基于内容的推荐算法的基本流程

我们可以将基于内容的推荐算法分为以下 3 个环节：

①提取候选产品的特征；

②利用用户过去喜欢（或不喜欢）的产品特征，学习用户的偏好特征；

③匹配候选产品特征与用户偏好特征，为用户推荐相关性最高的产品（见图 4-8）。

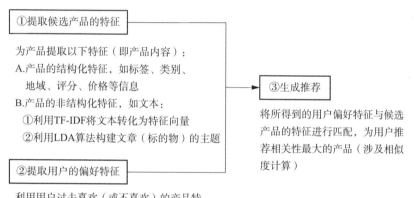

图 4-8　基于内容的推荐流程

接下来，讲述如何提取产品及用户偏好的特征，以及如何将这两个特征进行匹配，为用户进行物品的推荐。

（2）提取产品及用户偏好的特征

我们将信息分为两类，分别为结构化数据（如数值、符号）以及非结构化数据（如文本、图像）。不同的数据类型，在提取其特征的时候采取不同的方法。

此处，假设我们的产品是图书，那么其特征主要有以下几种类型：

数值型数据：价格、页数、评分等；

分类型数据：类型、地域、标签等；

文本型数据：书名、简介、文章节选、评价等。

下面将呈现各类型数据的特征提取方式。

①数值型数据。价格、页数、评分等数值型数据直接用一个数值表示即可，如表 4-2 所示。

表 4-2　数值型数据特征提取

价格（元）	页数（页）	评分（分）
65.00	200	7.5

②分类型数据。类型、地域、标签等分类型数据有两种特征提取方式。

第一种，用二进制来表示。假设图书有 8 个类型：政治、经济、文化、历史、文学、艺术、科学、医学。雨果的《悲惨世界》属于文学，那么它的结构化特征可用一个 8 位的二进制数来表示，"文学"所在的位置为 1，其余为 0，如表 4-3 所示。

表 4-3　分类型数据特征提取

政治	经济	文化	历史	文学	艺术	科学	医学
0	0	0	0	1	0	0	0

将表 4-3 转化成向量，即可用向量（0，0，0，0，1，0，0，0）来表示。

第二种，给以上 8 个类型分别编一个号码，如｛政治 1，经济 2，文化 3，历史 4，文学 5，艺术 6，科学 7，医学 8｝。那么，《悲惨世界》的类型（文学）可用数值 5 来表示。

③文本型数据。书名、简介等文本型数据的特征提取方式，主要是通过 TF-IDF 将文本信息转化为特征向量。TF-IDF 方法由 Salton（1973）提出，其思想是如果某个词语在一篇文章中出现频率较高，则意味着该词在该文章中较为重要。同时如果该词在其他文章中出现较少，则说明该词具有很好的类别区分能力，能够很好地表示文章的特征。

假设有 N 本候选图书，其图书简介集合为 $D=\{d_1，d_2，d_3，\cdots，d_N\}$，这些简介中出现的词集合为 $T=\{t_1，t_2，t_3，\cdots，t_m\}$。也就是说，$N$ 篇简介中一共出现了 m 个不相同的词语。接下来，我们需要将每篇文章表示成一个向量，记为 $d_j=\{w_{1j}，w_{2j}，w_{3j}，\cdots，w_{mj}\}$。其中，$w_{1j}$ 代表词集合 T 中第一个词语 t_1 在文章 d_j 中的权重。

那么，每个词语在文章中的权重该如何计算呢？

这里用到了 TF-IDF 的方法。一般情况下，我们认为在一篇文章中出现频次越高的词语，其权重就会越高。所以，我们先要计算词语 t_i 在文章 d_j

中出现的频率 TF_{ij}：

$$TF_{ij} = \frac{n_{i,j}}{\sum\limits_{k \in T} n_{k,j}} \tag{4.3}$$

其中，$n_{i,j}$ 代表词语 t_i 在文章 d_j 中出现的频次，$\sum\limits_{k \in T} n_{k,j}$ 代表文章 d_j 中所有词语出现次数的总和。

在一般情况下，我们可以用词频 TF_{ij} 代表词语 t_i 在文章 d_j 中的权重，即 $w_{ij} = TF_{ij}$。但是，会出现一种情况，即同一个词语可能多次出现在多篇文章中，如"你们""然后""其实"等一些无实意的词语，它们会在多篇文章中出现，且出现频次较高，这使得它们在文章中的权重很高，但实际上这些词语不能够用以区分文章，从而使得构建的向量不能尽可能地表示文章特征。

因此，我们还需要引入逆文本频率指数 IDF，用以衡量每个词语在所有文章中的相对重要性。一般情况下，如果一个词语只在少数文章中出现，那么这个词语是具有区分度的，能够很好地刻画文章的特征，相应地，权重就会更高。下面给出词语 t_i 的区分度 IDF_i：

$$IDF_i = \log_{10} \frac{N}{|\{j: t_i \in d_j\}|} \tag{4.4}$$

其中，N 代表文章的总数，$|\{j: t_i \in d_j\}|$ 代表包含词语 t_i 的文章数目。例如，一共有 1000 篇简介，词语"苹果"一共出现在 10 篇简介中，那么"苹果"所对应的 $IDF = \lg(1000/10) = 2$。

最后，我们用 TF_{ij} 和 IDF_i 的乘积作为词语 t_i 在文章 d_j 中的权重，即 $w_{ij} = TF_{ij} \cdot IDF_i$。使用该方法，我们可以得到每一本书的简介特征，用 $d_j = \{w_{1j}, w_{2j}, w_{3j}, \cdots, w_{mj}\}$ 表示。

假设，根据用户过去喜欢的产品特征数据，我们得知小明喜欢阅读的 A 图书简介对应的是向量 d_8，B 图书简介对应的是向量 d_{25}，C 图书简介对应的是向量 d_{47}，那么小明的偏好特征为 $U_{小明} = (d_8 + d_{25} + d_{47})/3$。可以用 $U_k = \{u_{1k}, u_{2k}, u_{3k}, \cdots, u_{mk}\}$ 表示用户 k 的偏好特征。

（3）匹配候选产品特征及用户偏好特征

上面部分，已经介绍了如何获取候选产品特征及用户偏好特征，那么该如何将这两个特征进行匹配，为用户进行推荐呢？

已知，图书 j 的特征可以用 $d_j = \{w_{1j}, w_{2j}, w_{3j}, \cdots, w_{mj}\}$ 来表示，用户

k 的偏好特征可以用 $U_k = \{u_{1k}, u_{2k}, u_{3k}, \cdots, u_{mk}\}$ 表示。我们可以通过计算向量 d_j 和 U_k 的距离，来衡量图书特征及用户偏好特征之间的相似度。如果用户对某本图书很感兴趣，那么图书特征及用户偏好特征之间的相似度就会很高。

衡量向量距离有多种方案：欧氏距离、曼哈顿距离、切比雪夫距离、余弦相似度等。此处，我们将使用余弦相似度构建相似度矩阵。

余弦相似度通过计算两个向量的夹角余弦值来评估它们的相似度，如图 4-9 所示，两条直线表示两个向量，它们的夹角可以用来表示相似度大小，角度为 0 时，余弦值为 1，表示完全相似。

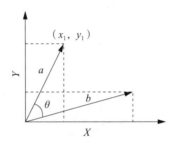

图 4-9　余弦相似度图解

余弦相似度的公式为：

$$Similarity = \cos(\theta) = \frac{A \cdot B}{\|A\| \cdot \|B\|} = \frac{\sum_{i=1}^{n} A_i \cdot B_i}{\sqrt{\sum_{i=1}^{n} A_i^2} \cdot \sqrt{\sum_{i=1}^{n} B_i^2}}$$

$$(4.5)$$

此处，用户 k 的偏好特征向量与图书 j 的特征向量之间的距离可表示为：

$$Score = \cos(\theta) = \frac{U_k \cdot d_j}{\|U_k\| \cdot \|d_j\|} = \frac{\sum_{i=1}^{m} u_{ik} \times d_{ij}}{\sqrt{\sum_{i=1}^{m} u_{ik}^2} \times \sqrt{\sum_{i=1}^{m} d_{ij}^2}} \quad (4.6)$$

最后，将相似度较高且用户未曾阅读过的图书推荐给用户 k。

（4）基于内容的推荐算法的优缺点

①优点：直观易懂；容易解决冷启动问题；算法实现相对简单；非常适合标的物快速增长的有时效性要求的产品。

②缺点：推荐范围狭窄，新颖性不强；需要知道相关的内容信息且处理起来较难；较难将长尾标的物分发出去；推荐精准度不太高。

4.1.6　基于模型的推荐

推荐系统可以分为基于记忆的推荐系统和基于模型的推荐系统。前面介绍的协同过滤和基于内容的推荐就属于基于记忆的推荐系统，它依赖于简单的相似度计算。虽然基于记忆的推荐方法具有较高的精确度，但会遇到数据稀疏及扩展性等问题。

基于模型的推荐方法能够在一定程度上解决数据稀疏等问题，它使用机器学习算法对物品的向量进行训练，从而建立模型来预测用户对新产品的打分。目前，基于模型的主流技术有矩阵因子分解、基于概率分析的推荐方法（如贝叶斯分类器）等。

下面将通过相关案例，具体讲解基于贝叶斯分类器的推荐。

在计算用户 U_1 对物品 I_2 的评分时，4.1.4 介绍了如何使用协同过滤算法来完成任务，其过程中只做了相关的数学运算，并未建立任何数据模型。此处，我们试着将这个问题转化为机器学习问题，比如分类问题。

如图 4-10 所示，需要预测用户 U_1 对物品 I_2 的评分。我们可以将（U_2，U_3，U_4，U_5）看成模型输入的属性值，再将第一行 U_1 的数值看成模型输出的标记，标记集合为{1，2，3，4，5}，分别表示评分为 1，2，3，4，5。此时，可以通过（U_2，U_3，U_4，U_5）来预测 U_1，即将一个协同过滤问题转化为一个五分类问题。例如，第一个训练样本（4，3，4，2）→4，第二个训练样本（1，2，∅，3）→5，第三个训练样本（∅，4，∅，5）→5。通过训练这三个样本建立模型，进而预测输入（2，∅，4，1）时的输出值，即用户 U_1 对物品 I_2 的评分。

由于用于训练的数据是稀疏的，不能使用一般的分类器来预测。Domingos 等（1997）和 Ng 等（2002）提出，贝叶斯分类器引入了属性条件独立性假设，能够避免样本稀疏的问题。因此，我们将采用贝叶斯分类器进行预测，来判断哪个标签最有可能，即后验概率最大。

此处，涉及贝叶斯分类器的后验概率计算及拉普拉斯平滑的运用。由于该计算不是本节的重点，故只给出计算结果：

$$Class = \mathop{argmax}\limits_{c_j \in \{1,2,3,4,5\}} P(c_j) P(U_2=2 \mid U_1=c_j) P(U_4=4 \mid U_1=c_j) P(U_5=1 \mid U_1=c_j)$$
$$= \mathop{argmax}\limits_{c_j \in \{1,2,3,4,5\}} \{0, 0, 0, 0.0031, 0.0019\} = 4$$

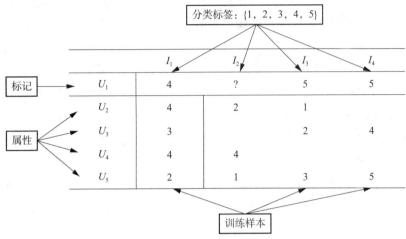

图 4-10　基于模型的算法数据

从上面计算结果得出：当$(U_2，U_3，U_4，U_5)=(2，\varnothing，4，1)$时，$U_1=4$的概率最高，为 0.0031。因此，用户 U_1 对物品 I_2 的评分预测为 4。

4.1.7　混合推荐

首先，前文已经介绍了三种比较主流的推荐算法：基于内容的推荐、协同过滤以及基于模型的推荐。这三种算法所使用的输入数据各有不同，如协同过滤根据近邻的兴趣爱好来预测用户对新产品的评分，需要使用群体数据（如评分）；而基于内容的推荐通过计算用户喜好特征与产品特征的相似度，来实现推荐排序，它更多依赖产品描述。算法所使用的信息源越丰富，意味着算法考虑得越全面，但是没有一个算法能够完全地使用所有的数据。

其次，每种算法都各有利弊，如协同算法具有推荐新信息的能力，但其面临冷启动、数据稀疏性及算法扩展性问题；基于内容的推荐方法简单直观，但其面临推荐范围狭窄，推荐精度较低等问题。可见没有一个算法能够包含所有的优点，或者能够避免所有的弊端。

基于以上两个方面，我们希望构建一个混合推荐系统，将多个算法组合在一起，使得推荐系统不仅能够结合各算法的优点，还能使用更多信息。

Robin Burke（2002）将混合推荐算法的混合类型分成了以下 7 类：加

权、交叉、切换、特征组合、层叠式、特征补充、级联式。这 7 类混合方式可以按照处理流程分为三大类：并行式、整体式、流水线式。它们之间的对应关系如下：并行式包括加权、切换、交叉；整体式包括特征组合、特征补充、级联式；流水线式：层叠式。

（1）并行式混合推荐系统

并行式混合推荐系统根据混合机制将不同的推荐算法进行集成。其中，各推荐算法独立运行，并分别产生一个推荐列表。随后将各推荐算法的输出，通过加权/切换/交叉等策略进行混合，以作为整个推荐系统的输出。

①加权混合策略。

加权混合策略将不同算法生成的结果，进行加权结合，最终获得混合系统的推荐结果。如图 4-11 所示，假如我们需要预测用户 a 对物品 i 的评分，那么每个算法生成一个评分结果 $score_{(k, i)}$，再对这些得分进行线性加权，最终得到用户 a 对物品 i 的评分 $final\_Score_i$：

$$final\_Score_i = \sum_{k=1}^{n} \omega_k \cdot score_{(k, i)} \tag{4.7}$$

其中，ω_k 代表算法 k 的权重，且 $\sum_{k=1}^{n} \omega_k = 1$。$score_{(k, i)}$ 代表由第 k 个算法得出用户 a 对物品 i 的评分。使用同样的方法，得出用户 a 对其他物品的得分 $final\_Score_i$，最后对这些得分进行排序，依次推荐给用户 a。

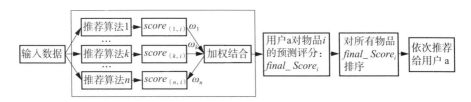

图 4-11　加权混合策略

加权混合推荐系统能够简单地对多个推荐算法的结果进行组合，提高推荐精度。同时，也可以按照用户的反馈调整每个算法的权重 ω_k。

②切换混合策略。

尽管上述加权混合系统有非常高的推荐精度，但系统复杂度和运算负载都较高。在实际应用中，往往会使用较为简单的切换混合系统。

切换混合策略需要根据用户记录或者推荐结果的质量来决定在哪种情

况下应用哪种推荐系统，即在不同的问题背景下使用不同的推荐算法，如图 4-12 所示。例如，Billsus 和 Pazzani（2000）提到的 NewsDude 系统，先使用基于内容的最近邻推荐算法来寻找相关报道，如果该算法找不到，则切换为协同过滤算法，以进行跨类型推荐。

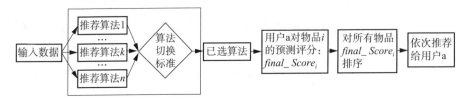

图 4-12　切换混合策略

③交叉混合策略。

交叉混合策略会将每个系统得分最高的物品逐个推荐给用户，如图 4-13 所示。不同用户对待同一件事物的着重点有所不同，与之相应的是不同算法的观察角度不同。交叉混合策略考虑到多个算法的推荐结果，因此能够保证最终推荐结果的多样性。

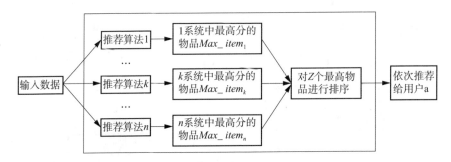

图 4-13　交叉混合策略

（2）整体式混合推荐系统

整体式混合推荐系统的实现方法是通过对算法进行内部调整，从而利用不同类型的数据输入。整体式混合推荐系统有特征组合、特征补充混合及级联策略，下文仅对特征组合进行讲解。

特征组合混合策略是将来自不同算法的数据源特征进行组合，如图 4-14 所示。不同的算法使用不同的数据源，如基于内容的推荐算法使用的是物品的描述特征；基于社交的推荐算法使用的是用户的社交网络数据。预先对不同算法的特征进行组合，为后续的混合推荐算法所使用，能够从多角度出发，挖掘用户的兴趣。

该策略可以运用到多个领域，如短视频推荐。系统可以将协同特征（如用户的喜好）与基于社交的社交关系特征组合起来，使得系统既可以通过用户行为挖掘用户兴趣，又可以通过了解周围用户，投射出该用户的兴趣。

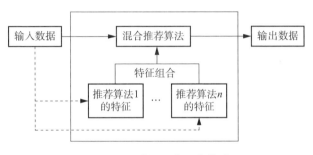

图 4-14 特征组合混合策略

（3）流水线式混合推荐系统

流水线式混合推荐系统将流程分成几个阶段，依次作用产生推荐结果。其中，层叠式混合策略属于流水线式混合推荐系统。

层叠式混合策略采用了过滤的设计思想，推荐算法按顺序排列，后面的推荐算法优化前面的推荐结果。因此，排在后面的推荐算法将会基于前面所得到的推荐列表进行推荐，如图 4-15 所示。

图 4-15 层叠式混合策略

4.1.8 推荐算法的应用案例

推荐系统已经应用到生活的方方面面，如网上购物、音频视频、咨询新闻等。下面将以 PLARS 推荐系统为例，通过讲解其体系结构及推荐过程，展示推荐系统的实际应用。

PLARS 是知识学习类推荐系统，由耿爽等（2019）提出，并将之应用到工作场所学习的知识推荐中。PLARS 推荐系统为从业人员和开发人员提供个性化的知识服务，有助于他们利用信息技术来促进工作场所的学习，并

影响组织的学习战略。

工作场所学习具有很强的动态性和工作任务导向性，因此 PLARS 推荐系统将结合主动学习与基于内容的推荐方法，来应对上述挑战。主动学习方法可以使用交互过程向用户收集反馈，接收新数据，并相应地更新推荐模型，因此可以动态地获取用户的学习需求。然而，主动推荐方法始终依赖历史评级信息。基于内容的推荐方法除了利用用户的评级信息外，还利用对象的属性，能够减轻推荐系统冷启动的问题。

PLARS 推荐系统的体系结构包含四个过程，如图 4-16 所示。

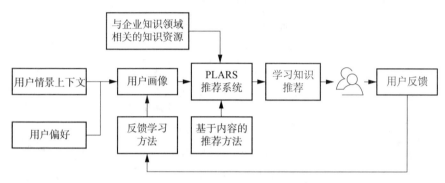

图 4-16　PLARS 推荐系统结构

（1）识别知识资源

在此应用场景中，知识资源主要有两种来源：企业内部的知识系统和外部的知识提供者。企业内部的知识系统存储各种类型的内部知识，如操作说明等。外部的知识提供者通常提供预定主题的模块化学习材料。该步需要验证外部知识资源与企业知识的相关性，并检查其内容质量。

（2）识别用户偏好

用户画像包含用户的偏好信息、上下文信息和购买物品的评级信息，推荐系统可以通过用户画像来识别用户的兴趣爱好。鉴于最初的系统实现阶段缺乏用户评级数据，可以先让用户明确定义自己的偏好。除了用户偏好外，PLARS 系统还包括用户的工作职能，以作为描述用户需求的上下文因素。同时，系统将采取反馈学习方法，通过用户对推荐内容的评级来实时更新用户画像。

（3）检索学习材料

从知识库中检索学习材料采用基于内容的推荐方法，计算用户画像(特征)与学习材料之间的相似性。相似性分数越高,表明文档和用户偏好之间的匹配度越高。此处的物品评级信息会通过反馈学习方法不断更新,因此用户画像及相似度计算也在不断更新,能够得到动态的内容推荐。

(4)用户反馈学习

反馈学习方法通过用户反馈来更新用户画像。用户和推荐系统之间的交互通常遵循四个阶段的电子学习生命周期,包括自我评估、制定学习意图、选择学习活动和学习行动,每个学习周期的完成可以看作一轮学习。在 PLARS 推荐系统中,每一轮学习都会产生一个学习知识推荐。

4.2　数据科学与智慧医疗

随着健康医疗大数据的飞速发展,数据科学与医疗领域的研究和工作的关系越发密切,智慧医疗已经成为医疗领域数据科学应用的典型案例。本部分内容以智慧医疗为例,对数据科学在医疗领域的作用进行介绍,内容包括健康医疗大数据和智慧医疗基本概念、发展现状、当前挑战和应用场景的介绍。

4.2.1　基本概念

(1)健康医疗大数据的概念

健康医疗大数据泛指所有与医疗和生命健康相关的数字化的极大量数据(Bates,2014)。从覆盖范围而言,健康医疗大数据既可以表示包括目标国家或地区的全部人口健康数据,也可以表示单一对象,如医院或单独个人的全部健康数据。不能仅仅从数据量来界定是否为大数据,必须考虑数据是否在性质等方面已发生了根本性变化。表 4-4 为健康医疗大数据组成部分的具体范围。

表 4-4　健康医疗大数据组成部分的具体范围

组成部分	概念范围
临床大数据	主要目标为关注个人身体健康状况,主要包含电子健康档案、生物医学影像和信号及检查检验报告等数据
健康大数据	包含对个人健康产生影响的生活方式、环境和行为等

续表

组成部分	概念范围
生物大数据	从生物医学实验室、临床及公共卫生领域获得的基因组学、转录组学、实验胚胎学、代谢组学等研究数据
平台大数据	指各类医疗机构、保险、医药企业等运营产生的数据，包括不同病种治疗成本与报销数据，成本核算数据，药品、耗材及医疗器械采购与管理数据，药品研发数据及产品流通数据等

健康医疗大数据的主要来源：患者就医过程中产生的数据、临床医疗研究和实验室数据、制药企业和生命科学数据及智能穿戴设备带来的健康管理数据等。

①患者就医过程中产生的数据：健康医疗的对象是患者，以患者为中心，从挂号开始，病人便将个人姓名、年龄、电话等信息输入完全了；面诊过程中患者的身体状况、医疗影像等信息也会被录入数据库；看病结束以后，费用信息、报销信息、医保使用等信息被添加到医院的大数据库里面。这就是医疗大数据最基础、最庞大的原始资源。

②临床医疗研究和实验室数据：主要是实验中产生的数据，也包含患者产生的数据，没有严格的边界区分。

③制药企业和生命科学数据：药物研发所产生的数据是相当密集的，对于中小型企业也在百亿字节(TB)以上。生命科学领域数据包括核酸、基因、蛋白质序列数据，以及特定主题的实验或临床获取的数据，具有量大、多源异构、整合分析复杂的特点(邹丽雪等，2016)。[1]

④智能穿戴设备带来的健康管理数据：随着移动设备和移动互联网的飞速发展，便携式可穿戴医疗设备正在普及，个体健康信息都将可以直接连入互联网，由此将实现对个人健康数据进行随时随地的采集，而带来的数据信息量将是不可估量的。

(2)智慧医疗的概念

智慧医疗是5G技术在物联网应用中的一个十分重要的场景。在5G网络下，诊断和治疗将突破原有的地域限制，医疗资源更加平均。健康管理和初步诊断将家居化，医生与患者可以实现更高效的分配和对接。5G时代，传统医院将向健康管理中心转型。随着5G技术的进一步商用、普及，

---

① 邹丽雪，欧阳峥峥，王辉，等. 生命科学领域科研数据仓储特点及服务分析[J]. 图书情报工作, 2016, 60(7)：8.

5G 技术下的智慧医疗将得到更多的应用，医疗水平、医疗技术也可以得到进一步提高。2020 年 2 月 8 日，北京·武汉两地医护人员使用 5G 技术实现了远程病例讨论，这是新型冠状病毒肺炎疫情出现以来，北京医疗队利用 5G 技术的首次实战。基于 5G 技术，成功搭建了远程医疗会诊平台，目前已投入新型冠状病毒肺炎患者的救治中。该平台可以减少甚至杜绝医生与患者的直接接触，是 5G+智慧医疗的又一成功案例。

中国人工智能技术起步较晚，但是发展迅速，目前在专利数量以及企业数量等指标上已经处于全球领先地位，人工智能技术在不同领域进入了落地应用的全新阶段。国务院 2017 年正式印发的《新一代人工智能发展规划》(以下简称《规划》)，以"三步走"的形式，制定了到 2030 年的分阶段发展的各级目标：到 2020 年我国人工智能技术和应用与世界先进水平同步；到 2025 年人工智能基础理论实现重大突破；到 2030 年部分技术和应用达到世界的领先水平，成为世界人工智能创新中心。

《规划》明确指出了需开展智慧医疗相关的两项工作，并最终帮助"智慧医疗"在 2018 年成为热点。未来几年将是中国智慧医疗建设飞速发展的时期，在新医改方案的指导下，各地方政府将会加大当地智慧医疗建设方面的投入，将会有更多的医疗机构参与信息化建设，一些信息化建设较好的医疗机构也将致力于建设更为先进的医院管理系统，提升自身竞争力，给广大居民带来更好的医疗体验。

4.2.2 发展现状

（1）健康医疗大数据的发展现状

随着云时代的来临，众多发达国家对健康医疗大数据服务平台的建设工作颇为重视，并围绕下一阶段的管理、技术提升和应用展开激烈竞争。在已有的管理、技术和应用等基础上，中国也开展了一系列的建设和开发工作，包括：

①健康医疗大数据已上升为国家战略。

已经将健康医疗大数据纳入国家战略，并从战略规模、技术能力以及应用与管理三个层面开展工作。2018 年 9 月 13 日，国家卫生健康委员会研究制定了《国家健康医疗大数据标准、安全和服务管理办法（试行）》（以下简称《试行办法》），《试行办法》明确健康医疗大数据的定义、内涵和外延，以及《试行办法》的制定目的和依据、适用范围、遵循原则和总体思路等，明确各级卫生健康行政部门的边界和权责，各级各类医疗卫生机构及相

应用单位的责任、权利、利益，并对三个方面进行了规范。表4-5为近年来我国医疗健康领域大数据相关政策。

表4-5　近年来我国医疗健康领域大数据相关政策

年份	里程碑
2015	原国家卫计委发布《全国医疗卫生服务体系规划纲要（2015—2020年）》，提出至2018年底前建成国家政府数据统一开放平台，率先在医疗、卫生等重要领域实现公共数据资源合理适度向社会开放
2016	原国家卫计委牵头起草的《关于促进和规范健康医疗大数据应用发展的指导意见》提出，到2020年建成国家医疗卫生信息分级开放应用平台，基本实现城乡居民拥有规范化的电子健康档案和功能完备的健康卡，适合国情的健康医疗大数据应用发展模式基本建立
2017	国家发改委印发《关于促进分享经济发展的指导性意见》，提出充分利用大数据等信息技术手段，多渠道收集相关数据并建立数据库，促进经济发展、改善民生
2018	国家卫健委研究制定了《国家健康医疗大数据标准、安全和服务管理办法（试行）》，加强健康医疗大数据服务管理，促进"互联网+医疗健康"发展，充分发挥健康医疗大数据作为国家重要基础性战略资源的作用
2019	国务院办公厅发布了《深化医药卫生体制改革2019年重点工作任务》，要求促进"互联网+医疗健康"发展、统筹推进县域综合医改、实施健康中国行动、加强癌症等重大疾病防治等重点工作
2020	中国电子技术标准化研究院发布了《大数据标准化白皮书（2020版）》。梳理了国内外主要国家、地区大数据领域的发展战略，描述了大数据核心技术和产业应用现状，对包括卫生健康在内的13个重点领域应用进行了梳理，并提出了我国大数据标准化工作建议
2021	国务院办公厅发布了《"十四五"大数据产业发展规划》。"十四五"时期是我国工业经济向数字经济迈进的关键时期，对大数据产业发展提出了保持高速增长、产业链稳定高效、生态良性发展等新要求，医疗产业将步入集成创新、快速发展、深度应用、结构优化的新阶段

②健康医疗数据库网络已初步建立。

我国已经初步开展健康医疗数据库的建设工作，并在"互联网+医学""全民健康管理"等领域取得了一定成果。表4-6为近年来我国建立的健康医疗数据库的相关情况。

表4-6　近年来我国建立的健康医疗数据库概览

年份	里程碑
2006	我国开始建设国家医疗健康数据库，闭合区域范围内医院、基层卫生机构及公共卫生机构的各类数据，形成以个人为中心的全生命周期电子健康档案库
2015	国家卫计委启动十省互联互通项目，我国约半数委属医院，42%的省属医院和38%的市属医院启动医院信息平台建设

续表

年份	里程碑
2016	国家卫计委启动"1+5+X"健康医疗大数据发展规划,建设江苏省(东)、贵州省(西)、福建省(南)、山东省(北)以及安徽省(中)五大数据中心
2017	国家卫计委牵头组建医疗健康数据三大集团,以承担国家健康医疗大数据中心,区域中心应用发展中心和产业园建设任务
2018	国家卫健委批复支持宁夏回族自治区建设"互联网+医疗健康"示范省区

③起步较晚,专注于数据采集。

由于起步较晚,当前国内许多医疗企业和数据企业的工作仍着眼于数据利用的初始阶段——数据采集上,希望能够建立统一的数据标准和格式,将当前众多的非结构化、半结构化数据统一结构化。

然而数据分析才是实现数据价值的主要手段,而当前我国企业仍停留在数据采集的阶段,开展多元化、智能化数据分析工作的企业较少,数据分析维度单一,分析结果价值不高。

在完成了对数据的处理,形成标准化、结构化的数据后,相关企业应将工作重点投入数据分析中,真正实现数据价值。

(2)智慧医疗发展现状

①发展背景。

国内公共医疗管理系统不完善,医疗成本高、渠道少、覆盖面窄等问题困扰着大众民生(杨宗晔,2018)。尤其是以"效率较低的医疗体系、质量欠佳的医疗服务、看病难且贵的就医现状"为代表的医疗问题是社会关注的主要焦点。大医院人满为患,社区医院无人问津,病人就诊手续烦琐等问题都是由医疗信息不畅、医疗资源两极化、医疗监督机制不全等原因导致的,这些问题已经成为影响社会和谐发展的重要因素。高度智慧化的医疗信息网络平台体系,能缩短患者的服务等待时间,降低医疗服务费用,使患者享受更优质、更方便、更安全、更人性化的医疗服务。从根本上解决以上问题,真正实现"人人健康,健康人人"的目标。另外,云计算、大数据、物联网、移动互联网等新兴信息技术的兴起,已经对金融、零售、物流、制造等多个行业产生了深远的乃至革命性的影响。这些影响不仅是技术上效率的提高,而且逐步改变了人们的生活和生产方式,改变了商业的竞争格局,甚至推动着体制的变革。在作为众多新兴技术发源地的医疗领域,新兴技术与新兴模式同样对传统的医疗工作模式提出了挑

战。虽然目前我国智慧医疗的发展仍处于起步阶段，但是随着我国老龄化的加剧和政策的开放，智慧医疗已经处于爆发的前夜，很多涉足智慧医疗的新兴公司获得了资本市场的追捧。

②相关政策。

智慧医疗是智慧城市战略规划中一项重要的民生领域的应用，也是民生经济带动下的产业升级和经济增长点，其建设应用是大势所趋。近几年，国家政府各部门积极颁布政策，推动智慧医疗的发展，如表4-7所示。

表4-7　智慧医疗相关政策汇总

时间	政策	主要内容
2017年12月	工业和信息化部《促进新一代人工智能产业发展三年行动计划（2018—2020年)》	推动医学影像数据采集标准化与规范化，支持脑、肺、眼、骨、心脑血管、乳腺等典型疾病领域的医学影像辅助诊断技术研发，加快医疗影像辅助诊断系统的产品化及临床辅助应用，并推动手术机器人在临床医疗中的应用
2018年4月	国务院办公厅《关于促进"互联网+医疗健康"发展的意见》	健全"互联网+医疗健康"服务体系，完善"互联网+医疗健康"支撑体系，加强行业监管和安全保障
2018年9月	卫生健康委、中医药局《互联网诊疗管理办法（试行）》《互联网医院管理办法(试行)》《远程医疗服务管理规范（试行）》	进一步规范互联网诊疗行为，发挥远程医疗服务的积极作用，提高医疗服务效率，保证医疗质量和医疗安全
2019年8月	国家医疗保障局《关于完善"互联网+"医疗服务价格和医保支付政策的指导意见》	积极适应"互联网等新业态发展，提升医疗服务价格监测监管信息化、智能化水平，引导重构医疗市场竞争关系，探索新技术条件下开放多元的医疗服务价格新机制"
2020年2月	卫生健康委《关于在疫情防控中做好互联网诊疗咨询服务工作的通知》	充分肯定了互联网医疗的重要作用，明确提出"要充分发挥互联网医疗服务优势，大力开展互联网诊疗服务，特别是对发热患者的互联网诊疗咨询服务，进一步完善'互联网+医疗健康'服务功能"

③发展阶段。

智能医疗的发展分为七个层次：一是业务管理系统，包括医院收费和药品管理系统；二是电子病历系统，包括病人信息、影像信息；三是临床应用系统，包括计算机医生医嘱录入系统（CPOE）等；四是慢性疾病管理系统；五是区域医疗信息交换系统；六是临床支持决策系统；七是公共健康卫生系统。

总体来说，中国处在第一、第二阶段向第三阶段发展的时期，还没有建立真正意义上的 CPOE，主要是缺乏有效数据，数据标准不统一，加上供应商欠缺临床背景，在从标准转向实际应用方面也缺乏标准指引（袁维勤，2012）。中国要想从第二阶段进入第五阶段，涉及许多行业标准和数据交换标准的形成，这也是未来需要改善的方面。

4.2.3 当前挑战

（1）健康医疗大数据面临的挑战

由于历史文化和风俗习惯等因素的影响，我国的医学往往更加重视临床效果，而忽视了相关的数据互联融合、开放共享。这导致我国健康医疗数据量虽然大，但标准参差不齐，格式复杂多样，质量良莠不齐，不同机构之间的数据难以流动、对接。这些问题成为我国健康医疗大数据建设、管理和应用的重大阻碍，带来了以下挑战：

①打通信息孤岛达到互联互通。

我国医疗行业在近年来飞速发展，但医疗机构的信息化建设并没有跟上医疗行业发展的步伐，不同的科室、机构之间的数据无法有效交流。这个问题需要政府自上而下进行解决，包括：①扩大基础设施建设规模；②对医疗机构的大数据建设提供帮助；③构建有效的资源共享渠道；④由各级政府建立健康医疗大数据网络，并纳入政府政务系统，实现国家级健康医疗大数据的采集、分析和应用。

②保障数据安全可控。

在健康医疗大数据的发展和应用过程中，数据安全是重中之重。数据安全需要相关制度的有效支持。当前我国的规章制度还亟须建设和完善，应在借鉴国外经验的基础上，以法律的形式对数据安全进行保护。

个人隐私问题是健康医疗大数据应用的重要问题之一。法律层面上，国家应该出台相关的法律法规，规定数据使用过程中的职责权限，保护个人隐私；明确使用程序和监管责任，保证每个部门都清楚自身的职责义务。

③缺乏高素质的专业人才队伍。

与发达国家相比，我国的医学信息人才严重缺乏，这极大地拖累了我国的健康医疗大数据发展（姚琴，2015）。未来应从交叉学科视角出发，着重培养既有信息化技术，又有医学背景的对口型人才。

④数据共享过程缺乏行业标准规范。

在建立了健康医疗大数据的采集、互通渠道和机制后，政府应该制定健康医疗大数据的行业标准和统一格式，为健康医疗大数据的分析和应用提供便利。

⑤健康医疗大数据的应用需求尚未得到充分挖掘。

应将健康医疗大数据与政府决策、医疗工作、卫生管理等深度结合，以实际的应用需求为导向，挖掘健康医疗大数据的价值。

政府需制定和完善相关制度、法律，主持构建健康医疗数据目录，从级别、类型、地域、专业等角度对大数据进行组织、整理。应将面向人群的大数据和有关个人的大数据加以整合，开展针对个体的个性化医疗服务。同时针对面向人群的大数据，应不断探索、拓展健康医疗大数据的应用范畴。

（2）智慧医疗当前面临的挑战

①资源互通。

数据资源的流动和互通、数据共享及系统对接是智慧医疗发展面临的巨大挑战，也是制约医疗行业数字化发展的关键。智慧医疗的一项主要应用是智能病理诊断系统，海量临床数据的支持是系统开发的前提。如果能够做到有效的数据共享与资源互通，那么将有助于提升产品研发速度，加快应用落地，为当前医疗工作中的医疗资源缺乏问题提供解决方案。

此外，许多医院还没有主动拥抱新的技术，传统的数据库仍然是医院数据库的主体。这限制了医疗数据的整理、加工和应用，无法发挥数据的真正价值。伴随着以大数据、云计算、物联网为代表的一系列新技术的引入，医院的数据库将逐渐统一化、云端化，在有效保护数据安全和隐私的前提下，实现医疗资源的互通。

②政策和伦理。

《新一代人工智能发展规划》中明确指出，社会化媒体时代各界媒体要及时发挥舆论引导作用，充分考虑人工智能迅速发展可能会带来的社会、伦理和法律等方面的影响。以大数据、人工智能为代表的一系列数据科学前沿技术在应用到医疗活动中时，对政策、规章制度和道德伦理问题，提出了重大挑战。

当前有许多研究已经正视智慧医疗相关技术在医疗活动中的应用效果，也有许多医生开始尝试应用智慧医疗辅助临床诊疗工作。但是智慧医疗提供的诊疗结果的有效性以及患者的接受度是当前面临的重大伦理问题。如何使患者接受智慧医疗这种服务模式，并信赖智慧医疗的服务效果，是当前需要解决的重大问题。

③经济价值的创造。

智慧医疗的价值不仅仅体现在技术价值上，更包括经济价值。这里需要注意的是，人工智能或者大数据相关产品并未在医疗健康领域产生足够的经济价值，比如某些可穿戴设备；不是所有的人工智能技术或产品都适用于医疗健康领域。对于智慧医疗产品的价值判断，不能一概而论，而要客观、实事求是。

4.2.4　应用场景

（1）健康医疗大数据的应用场景

健康医疗大数据的应用不仅仅局限于诊疗活动，而是与整个健康活动密切相关。数据跨部门、跨系统流通的需求日渐凸显，区域健康医疗大数据的共享应用价值已得到政府部门、医疗界、学术界和产业界的普遍认可。当前的健康医疗大数据应用场景主要包括以下内容：

①临床诊疗。

这一场景下的健康医疗数据应用分为院内和院际调阅两种场景。院内临床诊疗信息互联互通依托医院电子病历系统，出于医生科学诊断、治疗及安全用药参考等需求，实现患者信息在医院内跨部门调阅，包括门急诊病历记录、出入院记录、实验室化验报告、医学影像检查报告等信息。依托区域医疗信息平台，实现在区域内医疗机构间信息的互联互通，这是实现分级诊疗制度和远程医疗工作开展的必要基础。

目前各地积极建设区域卫生信息平台，这是院际数据应用的主流发展模式，如上海申康医联工程、广佛同城区域卫生信息平台、北京医院电子病历共享项目等。除政府推动建立的医联体外，出于需求自发形成的跨区域医疗联盟是医疗信息互联互通的另一种形式，如长三角医疗联盟、北京天坛医院神经系统疾病专科联盟等。

②患者获取信息。

患者获取信息是指医疗机构将持有的病历信息向患者开放，患者可通过互联网或移动互联网凭条，随时、随地下载个人的病历记录，并支持二次使用。开放的病理信息应该是完整的、数字化的、便于下载和处理的。

我国目前缺乏集成平台向患者提供连续的、系统的个人就医记录和诊疗信息。虽然已有个别城市通过建立区域卫生信息平台整合医疗数据，如上海医联工程、杭州区域卫生信息平台，但仅限于在线查询检查检验报告，远未达到上文提及的向个人开放病历信息的要求。

③公共卫生信息共享。

与区域性医卫信息平台的运行模式不同，公共医卫信息系统更侧重条线性模式，从中央到基层平台，各层级之间权责明确，信息流畅；后者以患者健康为中心，更注重数据积累的区块性模式，汇集并共享全面且连续的数据信息。美国卫生信息机构(HIOs)已经建立了一个包括公共卫生信息系统、临床信息系统以及多方利益相关者在内的卫生信息交换系统以实现数据共享(胥婷，于广军，2020)。在我国，打破公共卫生内部信息系统之间及其与区域卫生信息平台之间孤立循环的现状，使各类信息互补互通是必须要面对的课题。

④行政管理决策。

医院内部管理信息系统涉及医院运营、绩效、财务、科教和后勤等行政业务信息系统，系统之间相互独立，缺乏联通。对于一般行政工作人员来讲，这可能造成行政工作流程复杂化、部门间重复劳动；对于医院管理者而言，缺乏跨业务系统的信息整合将造成数据统计结果不全面，从而影响决策的科学性。上级卫生行政部门的需求，体现在通过区域卫生信息平台获取宏观管理所需的数据支持，在卫生资源调控、政策制定、绩效评价、监督以及数据深度挖掘利用等方面发挥大数据的应用价值。

⑤科研使用。

科研数据的应用方式有两种。一种是依托医院或本区域原有的临床、公共卫生信息库完成数据获取、管理及科学研究。刘延保教授(2013)提出了"从临床中来，到临床中去"的科研数据使用新理念，基于此，建立了医疗科研信息一体化共享平台(杨坤，2016)；宁波市公卫大数据平台专门开发了科研模块，以累积的监测数据构建了多种疾病、研究队列的专题库，为相关的学术研究提供数据基础。另一种是建立专门的科研数据开放平台，收集异源多维的健康医疗数据或科研数据，以结构化的形式存储，面向特定人群开放。也有学者提出传统的通过建立中心平台实现数据共享的模式具有风险不可控的缺陷，提出了以跨网络的分布式安全计算为基础的去中心化科研数据存储、共享模式，具有高效安全的优势。

（2）智慧医疗

"大健康"概念正在医疗领域引领一场变革，未来的医疗健康市场规模将会不断扩大。未来，我国的医疗健康服务将以大健康理念为引导，以智慧医疗为手段，将医疗资源更多地倾注在疾病预防、疾病康复、老人保健、家庭保健等方面，解决资源短缺问题，提升服务质量。下面对智慧医疗的典型应用场景进行介绍。

①老人健康。

老年服务机器人的研发。目前日本、法国、中国等国家已研发出用于辅助老年人生活的机器人。这些机器人能够按照语音指令开展行动，帮助老年人弯腰拾取物品，自主导航，送老人到达目标地点（罗坚，2016）①。未来，具有更多功能、更加智能的老年服务机器人会是智慧医疗的重要产品之一。

②模拟医学。

模拟医学系统开发。美国是目前模拟医学领域的领导者，已经将模拟医学列为单独学科，进行深入的探索和研究。广东省是目前国内模拟医学研究的主要地区。模拟医学的主要价值在于，通过对患者各方面数据的采集，来模拟患者的真实情况，从而帮助医疗人员模拟患者的诊疗过程，通过实验、计算、分析，为患者寻找最优的诊疗方案，为患者提供高效、高质的诊疗服务，最大限度地避免医疗事故。

③多学科会诊。

智能多学科会诊也是智慧医疗的重点应用领域。多学科会诊的主要目的在于通过在线对患者的情况进行分析、判断，为患者的用药提供指导，为患者的健康管理提供帮助，并在患者前端直接实现分级诊疗。

④智慧医院系统。

智慧医疗未来会深度植入医院管理系统中，服务于各个子系统。比如药品管理系统、耗材管理系统、医疗安全监控系统，以实现对人力资源的优化利用。

⑤卫生防疫。

卫生防疫领域同样是智慧医疗的重要应用场景。在新兴传染病出现后，提前预测疫情暴发，为相关部门的疫情防控工作提供准备时间，降低

---

① 罗坚. 老年服务机器人发展现状与关键技术［J］. 电子测试，2016（3X）：2.

疫情影响；在疫情暴发后，利用大数据技术迅速明确传染源和病原地，进行防控。

⑥卫生监督。

卫生监督领域同样可以应用智慧医疗技术。包括医院的污水排放问题，可以应用物联网技术进行检测，从而对医院管理进行评估，提升环境污染问题的治理效果；对于医院服务质量问题，可通过云端的患者调查，进行快捷、有效、真实的评价，提升医疗服务质量。

⑦个人健康管理。

个人健康管理系统的建立需要智慧医疗的支持。通过可穿戴设备等技术，对个人健康进行全面、及时、准确的监测，可以极大提高个人健康，避免因为就诊不及时而造成严重后果。

4.2.5　典型案例

以辽宁省沈阳市某三甲医院为例，对数据科学与智慧医疗的应用场景进行介绍。该医院为东北地区首家5G智慧医院。近年来，该医院加速"无纸化医院"建设进程，拥有近千台医疗设备组成的医疗设备网，近万件能源、支撑保障设备组成的物联网，全院移动医疗和移动办公组成的无线网，在智慧医院建设上成功走在全国前列。

该医院在信息化与电子化建设方面一直处于龙头地位，是通过国家卫健委组织的"国家医疗健康信息互联互通标准化成熟度等级"五级乙等评审的医院，并在2014年成为当时国内唯一一家通过国家卫生计生委认定的"电子病历系统功能应用水平分级的七级"和美国HIMSS机构电子病历使用评估等级最高级别七级认证的"双七级"医院。在强有力的信息化支撑下，医院三个院区高度融合，实现一体化管理。2019年，该医院基于"5G+物联网+互联网+医院"，打造东北地区首家5G智慧医院，开启精细化、人工智能、无纸化和"万物互联"的新基建。

2019年4月3日，该医院与中国移动、中国电信和东软集团举行合作仪式并签署合作协议，建设东北地区首家5G智慧医院。该医院基于自身在医院管理和诊疗活动中的技术建设优势，开展5G智慧示范医院的建设工作，达到国内的领先水平；同时引入物联网技术，成立5G智能物联网创新研究院，开展5G智慧医疗相关技术研究；并据此申请和承担高层级研究课题，开展国内领先的创新研究，并最终在诊疗活动的各个环节，包括急救、临床诊疗、教学、分级转诊等领域实现数字化、智能化提升。

互联网医院的开诊，标志着医院在"互联网+医疗健康"的创新实践中迈出了坚实一步，同时更为"智慧医院"的进一步探索画下了新的起点。其推出的"在线复诊"和"在线咨询"服务涵盖 58 个专业、129 个科室，基本囊括了医院全部门诊科室，真正实现将医疗服务延伸到家庭和社区，填补老年和慢性病患者居家照护的短板，进一步引导医养结合，把公立医院的优质医疗资源送到百姓身边。

"在线复诊"功能使患者可以直接与医生通过视频面对面沟通病情，实现线上开药线下取药，也可以线上预约化验、检查，并且能生成标准病志。作为辽宁省内首家互联网医院，在新冠肺炎疫情暴发期间，该医院充分发挥网络问诊的重要作用，增设"发热咨询"免费服务，为轻症发热患者提供健康指导，对具有可疑症状的患者会建议到医院发热门诊做进一步检查确认，有效降低患者来院就诊过程中发生交叉感染的风险，保障医患安全，真正实现支撑疫情防控第一线。推出的免费"在线咨询"服务，覆盖医院全部门诊专业，专家团队一半以上具有高级职称。其中，开通的药学、护理和康复等特色咨询服务在国家大型公立医院中尚属首次。

目前，该医院所有临床科室已全部应用电子病历，形成了电子病历临床应用、临床路径管理、门诊电子病历与预约挂号、科室信息集成、信息化优质护理与管理、医疗管理及质量控制、区域协同医疗信息化管理、医院运行综合查询、医院办公自动化、无线网络应用等特色数字化医疗模式。医院全面实施以云计算、大数据、物联网、移动互联网为核心的智慧医院建设，即基于云计算、大数据、物联网和移动互联网的高度融合，实现高度自动化的医疗信息化建设与"互联网+"相结合形成的智慧医院。基于云计算、大数据、物联网、移动互联网的智慧医院，使得该医院在医患连接、医疗业务协同、医疗责任主体三方面发挥优势，构建了新型医疗服务体系，提高了医疗服务水平与质量，实现了资源的统筹，促进了分级诊疗，以更低的成本提供更好的医疗服务，推进了全新的现代医疗模式。同时，医院着重加强网络与信息安全的防护，采用必要的安全措施，如双机热备、异地备份、防火墙等，全面提升医院信息安全防护能力、隐患发现能力、应急处置能力。加强患者隐私保护，为医院信息化健康发展提供可靠有力的保障。

该医院通过建设私有云实现了对医院内各系统数据的存储，云计算有

着快速运算能力和强大的数据存储功能，保障了医疗运营的安全性和稳定性，提升了医院的工作效率，并且对医疗系统实现了信息的沟通与共享，为患者就医提供了基础保障。

大数据分析，该医院首先在行政管理层面优化了业务流程，减轻了员工，特别是一线临床工作人员的行政事务压力。同时应用大数据分析结果辅助管理决策，提升了工作效率；其次在医疗相关层面，通过对患者临床数据的采集、加工、出列和分析为医护人员的临床与诊疗活动提供最大限度的支持与帮助，为诊疗提供支持和辅助，提升医疗服务质量和效率。

该医院通过物联网应用技术减少了人工劳动与条件依赖，实现医院的全方位、多角度采集与分析，包括能源监控、设备监控、环境监控等。发现问题就会自动报警，从而提高对人员、物资、设备等的管理效率，最大限度消除人工管理会出现的错误和事故，同时为患者提供更加人性化的服务，有效提升就诊满意度。

医院基于移动互联网开发多种应用。首先是面向员工的移动互联网办公平台——医院 OA 系统，将办公自动化技术融入业务流程、办公审批和人员信息等日常办公功能，真正实现无纸化办公，从而使多科室多部门协作变得更加便捷；其次是面向患者，开发移动互联网就医平台——掌上医院 App、微信小程序/公众号和支付宝生活号，通过当日/预约挂号、缴费、报告查看、停车、住院和体检预约等功能改善患者就医体验，并支持辽宁省和沈阳市医保患者预约挂号，全方位提升就医满意度。其中，在微信小程序/公众号和支付宝生活号开发的在线复诊、在线咨询等功能打造了就医新体验，零距离便捷患者。该医院还推行扫描二维码和读取实体卡两种患者识别方式，患者可自由选择。通过掌上医院 App、微信小程序/公众号和支付宝生活号生成的二维码与实体卡功能相同，患者在窗口挂号、缴费、化验、检查和取药时均可扫描二维码完成身份识别，伴随全看诊流程。

4.3　数据科学与电子商务

4.3.1　电子商务发展现状思考

互联网的高速发展一方面为电子商务的发展提供了机遇，另一方面也带来了新的挑战。智能手机的普及使得人们开始习惯从电商平台上购买所需要的物品，但随着电商平台数目的增多，该行业的竞争愈演愈烈。如何在众多的电商平台中脱颖而出获得消费者的青睐，是多数电商平台需要考虑的问题。在大数据时代下，借助电商平台上众多的消费者行为数据，通过数据挖掘的方式，我们可以获得数据背后有价值的信息，帮助电商平台更好地迎合消费者的需求，提高自身的竞争实力。

（1）发展现状

大数据时代的来临推进了电子商务行业的发展变革。相比传统的线下零售渠道，线上电子商务平台拥有更广泛更庞大的数据量，这其中包含了消费者的商品浏览记录、消费者的购买记录、消费者的评价等信息。电商平台可以通过大数据技术对消费者的行为数据进行采集，进而对数据进行挖掘，帮助企业更好地满足消费者的需求。

目前许多电商平台都会对消费者进行个性化的推荐。消费者在进行购物时可以通过网络渠道获取来自众多电商企业的产品，随着信息量的不断增加，消费者处理信息的成本越来越高，因此电商企业可以根据消费者先前的浏览及消费数据，为消费者个性化推荐类似的产品，并且针对两个或多个相似的消费者，他们浏览或购买的商品也可以在他们之间进行互相推荐。除个性化推荐之外，许多电商平台依托大数据及云计算，为消费者提供了更强大的信息检索服务，从原来的文字检索扩展到如今的图片检索，大大方便了消费者的商品检索。对于消费者的购买评论，电商平台能够据此挖掘出有利于改善电商平台服务的针对性信息，生产商也能根据消费者的评论，发掘自身产品的不足之处，为下一轮产品的更新换代提供参考。

（2）面临的挑战

虽然庞大的数据量给了电商平台挖掘消费者行为数据的机会，但是大数据时代的到来也给电子商务的发展带来了新的挑战。首先，庞大的用户行为数据加大了企业数据挖掘利用的成本。数据的形式是多样的，除了文本数据，还有图像数据等，对大多数中小型商家来说，数据挖掘利用成本过高。其次，在数据分析加工过程中，对技术的要求较高，简单的 Excel 等数据处理软件已经无法满足大数据时代的需求。因此，电商企业若想在竞争中立于不败之地，就必须充分了解大数据时代数据挖掘的方法技术，招揽相关的技术人才。

4.3.2　电子商务数据分析

在电子商务平台中，最常见的是文本数据，因此本节重点介绍电子商务平台中文本数据的相关处理方法、步骤，展示如何从文本数据中挖掘出有价值的信息。

（1）文本数据采集

进行文本处理与挖掘之前，需要进行文本数据的采集。数据的来源通常包括两种，一种是来自公共社交网络，例如微博上的博文及下面的评论、电子商务平台的商品评论等，这些数据可以通过网络爬虫的方式爬取；另一种是一些专用的数据，例如一些医疗数据只能通过医疗机构内部专用网络获取，这些数据通过网络爬虫的方式无法获取。本书在此以获取京东商品的评论为例，说明网络爬虫常用的库及撰写网络爬虫的流程。

网络爬虫所使用的最主要的一个库是 Requests 库，用于发送请求与传递参数。Requests 可以发起不同的请求，如 GET 请求、POST 请求、PUT 请求、DELETE 请求、HEAD 请求、OPTIONS 请求，但对于 Web 系统一般只支持 GET 请求和 POST 请求，这些方法接口样式是统一的（见表4-8）。

表 4-8　GET 请求和 POST 请求接口样式

GET 请求	requests. get(url, headers, cookies, params)
POST 请求	requests. post(url, headers, cookies, data)

使用 Requests 方法后，会返回 Response 对象，其存储了服务器响应的内容。使用过程中需要注意的是，如果返回的 Response 对象后面带有响应状态码，2 开头表示访问正常，4 开头表示爬虫被网站封锁，5 开头表示服务器出现问题。Response 对象的方法中最常用的是 response. json( ) 和 response. text( )，用于获得 json 格式和 html 格式的网页数据。

除此之外，网络爬虫经常使用的另一个库是 JSON 库。该库解析 JSON 后能够通过 json. load( ) 将其转化为 Python 字典或者列表；反之，它也可以通过 json. dump( ) 将 Python 字典或者列表转化为 JSON 字符串。在爬虫过程中常使用 json. load( )，将返回的 JSON 字符串转化为 Python 字典或者列表。

爬虫主要分为以下几个具体步骤：

第一步，判断网页是动态网页还是静态网页。打开想要爬取的网页，浏览页面，通过点击"上一页/下一页"观察页面网址是否发生了改变，若发生改变，则说明该网页是一个静态网页，爬虫步骤相对简单；若点击"上一页/下一页"后页面网址并未发生改变，则说明该网页是一个动态网页。常见的静态网址如天涯论坛、大众点评等点击翻页时网页网址会发生改变，动态网址如京东，点击翻页时网页网址不发生改变。针对动态网页，在爬虫之前需要打开网页的开发者工具，对该网页进行刷新，通过查看 Network 信息发现规律，从而找到真正的网址。

第二步，观察网站是否存在反爬机制。通过上文介绍的 Requests 库判断，如果爬虫被网站封锁，此时需要从开发者工具中找到 User-Agent 和 Referer 两个参数的内容。User-Agent 和 Referer 都是 Headers 的一部分，User-Agent 通俗理解就是它可以告诉网站服务器，访问者是通过什么工具来请求的，如果是爬虫请求，一般会拒绝，但如果是用户浏览器，就会应答。当浏览器向 Web 服务器发送请求时，一般会带上 Referer，告诉服务器该网页是从哪个页面链接过来的。如果使用了 Headers 还是得不到想要的网页数据，那就加上 Cookies 参数，Cookies 指某些网站为了辨别用户身份、进行 Session 跟踪而储存在用户本地终端上的数据（通常经过加密）。

第三步，需要在开发者工具中，找到评论具体位于哪一层级，即定位 html 中对应的节点及其属性和含有的信息。经过这三个步骤之后，就可以从京东上爬取所需要的数据，虽然文本数据中还存在一些噪声，但经过后续的数据清洗就可以得到干净的数据。本章的最后会通过一个实例展示文本数据的采集。

由于使用 Python 编写爬虫的程序对用户的编程基础要求较高，出现了许多方便用户进行网络爬虫的工具。例如八爪鱼采集器、神箭手采集器等。经过对比，八爪鱼采集器由于拥有简单易用、规则好找、可视化界面、容易学习和模仿的优点，更受用户青睐，因此本节将对八爪鱼采集器进行简单的介绍。

八爪鱼采集器是深圳视界信息技术有限公司研发的一款网页爬虫软件。由于八爪鱼采集器具有网页定位解析算法、可视化流程操作、全球领先的云采集平台、单集群千万级别处理能力、自动网页识别算法等技术优势，目前在电商、政府、金融、税务、征信等领域得到广泛的应用和认可。八爪鱼主要提供两种数据采集模式：①使用模板采集数据。下载八爪鱼客户端并注册，之后打开客户端，在首页可以看到八爪鱼一些现成的热门采集模板，使用模板采集数据时只需要输入几个参数（网址、关键词、

页数等），就可以在几分钟内快速获取目标网站数据。②自定义配置采集数据。主要有两种方式，第一种是使用智能识别，只需要输入网址，八爪鱼就能够自动智能识别网页数据，自动识别完成后，点击生成采集设置就可以自动生成相应的采集流程，方便用户进行编辑和修改。第二种是自己动手配置采集流程，采集流程是指从特定网页上抓取数据的指令。由于每个网站的页面布局不同，采集流程不能通用。自己动手配置采集流程可以灵活应对各类采集场景，包括翻页、滚动、登录、AJAX 网页等，用户可以根据需要修改八爪鱼界面上的流程图。设置完成之后，启动本地采集，八爪鱼就会开始全自动采集数据，采集完成后用户只需导出数据即可。

（2）文本数据清洗

一般来说，专用的数据是比较规范的，而从公共平台上获取的数据存在更多噪声和一些非规范语言，故需要花费更多时间进行数据清洗。本节将说明常见的几种文本数据格式，以及文本数据清洗的步骤和常用工具。

总的来说，常见文本数据的格式主要有六种。

第一种是 Excel 格式，Excel 是一种常见的数据分析和存储工具，文件后缀通常为". xlsx"和". xls"，Excel 中的数据是使用二进制进行存储的，故在 Python 中需要专门的库来读取（见图 4-17）。

```
Importxlrd
Data=xlrd. open_ workbook("文件名 . xlsx")
Print(data)
```

图 4-17　Excel 格式数据读取方式

第二种是 CSV 格式，CSV 全称是 Comma-Separated Values，以逗号为分隔符存储表格数据，在 Python 中需要导入 CSV 库才可以正常读取（见图 4-18）。

```
Import csv
With open("文件名 . csv"，encoding="utf-8") as f:
Datas=csv. reader(f，delimiter="，")
For data indatas:
Print(data)
```

图 4-18　CSV 格式数据读取方式

　　第三种是 TXT 格式，在 Python 中可以直接通过 open 函数读取 txt 格式的数据（见图 4-19）。

```
Data＝open("文件名 . txt", encoding＝"utf-8") . read( )
Print( data)
```

图 4-19　TXT 格式数据读取方式

　　第四种、第五种分别是 PDF 格式和 Word 格式，Python 均不能直接读取，需要分别安装 PDFMiner 库和 docx 库。在网络爬虫的过程中，最常见的是前三种文本数据格式，且不同的文本数据格式可以通过代码进行相互转化，建议读者在实践的过程中逐步学习。

　　在了解文本数据的存储格式之后，可以对文本数据进行清洗。文本数据之所以需要清洗，是因为从网络上爬取的数据中会存在一些重复数据、错误数据（例如特殊字符、表情符号等不可识别的数据）、矛盾数据（一些与事实不符的数据或者前后矛盾的数据）、缺失数据。文本数据清洗是数据处理中非常重要的一部分，删除冗余的数据能够提高数据处理的效率，但同时需要注意的是，在文本数据清洗之前所制定的文本数据清洗规则，对后续结果的影响很大。文本数据清洗可以通过 Python 编程，也可以通过一些数据库，例如 SQL、MySQL 等。本节以 Python 编程为例，介绍文本数据清洗的步骤和工具。

　　文本数据清洗的第一步，需要对所爬取的本文数据有大致的了解，可以先借助 Excel 简单处理数据，例如，统一数据格式，或者通过"查找""替换"功能去除一些没有意义的符号、数据等。方便接下来通过 Python 编程对数据进行进一步的处理。

　　第二步，需要将文本切分为词汇单位，这里主要是指中文文本数据。因为英文本身就使用空格作为词与词之间的分隔符，因此对英文文本数据来说只需要使用空格或者标点符号即可完成词语切分。对于中文文本数据，如果文本数据中存在繁体字，则可以先通过开源工具包 OpenCC 将其转换成简体字。接着通常采用 jieba 分词库对文本数据进行词语切分，但需要注意的是，面对不同领域的文本数据，有时需要文本数据处理者根据爬取的文本数据内容创建一个用户自定义词典，里面包括一些热门的网络用语、领域的专有名词等，防止文本数据被错误地切分。

　　第三步，将文本数据切分为词汇单位之后需要将一些无意义的停用

词，如"的""了"等去除，因为这些词出现的频率很高，但是对文本数据区分并没有实质性的意义，将停用词过滤之后能够减少文本数据挖掘系统的存储空间，大大提高运行效率。在具体操作这一步的时候需要文本数据处理者创建一个停用词表，在创建的过程中可以参考中文停用词表、百度停用词表等停用词表的内容。至此，对中文文本数据的清洗完成，将数据保存为 txt 或 csv 的格式即可进行接下来的数据分析工作。

（3）文本数据分析

在数据清洗完成后便可对数据进行分析，发掘文本数据背后的一些规律信息。对于文本数据的分析，本节主要介绍两种方法，分别为 LDA 主题模型和情感分析。

隐含狄利克雷分布（Latent Dirichlet Allocation，LDA）主题建模，主要用于推测文档的主题分布，以概率分布的形式来给出文档集中每一篇文档的主题（Blei D. et al.，2003）。举例来说，获取今日头条上某一天所有的新闻后，将其视为一个文档集，其中每篇新闻则视为一个文档，通过 LDA 主题模型可以将这些文档划分为不同的主题（如娱乐新闻、体育新闻或其他）。

LDA 主题模型是一种无监督的三层贝叶斯模型，它包含了词语、主题、文档三层结构。所涉及的数学知识包括二项分布、多项分布、贝塔分布、狄利尤雷分布、EM 算法、马尔可夫链、伽马分布、吉布斯采样（Gibs Sampling）等。在使用 LDA 主题建模之前需要了解它的假设主要包含的内容：

①文档集中存在 k 个互相独立的主题；

②每一个主题是词语层上的多项分布；

③每一个文档都由 k 个主题随机混合组成；

④每一个文档都是 k 个主题的多项分布；

⑤每一个文档的主题概率分布的先验分布是狄利克雷分布；

⑥每一个主题中的词语概率分布的先验分布是狄利克雷分布。

在 LDA 主题模型中，文档的生成方式如图 4-20 所示。

M 为文档的数量，N 为文档中的单词数；α 为主题分布的狄利克雷分布参数；β 为单词分布的狄利克雷分布参数；θ 为文档 m 的主题分布；Z 为从主题的多项式分布中取样生成文档 m 第 n 个词的主题；φ 为主题 K 的词语分布；W 为最终生成的词语。

首先，从 α 中取样，生成文档 m 的主题分布记为 θ；其次，从主题的

多项式分布 θ 中取样，生成文档 m 第 n 个词的主题，记为 Z；再次，从 β 中取样，生成主题 Z 对应的词语分布 φ；最后，从词语的多项式分布 φ 中取样，生成词语 W(陈虹枢，2015)。

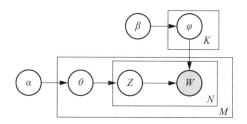

图 4-20　LDA 主题建模基本原理

在使用 LDA 主题建模之前，需要确定主题 k 的值，k 值的确定目前主要有以下 3 种方法：基于经验、基于困惑度、基于余弦相似度，感兴趣的读者可以在实践中学习。在 Python 中，可以通过 Sklearn 机器学习库实现 LDA 主题建模。但有时为了使结果更加直观，可采用 LDAvis 可视化结果（见图 4-21）。左侧圆的个数代表主题的个数；圆的大小代表该主题主题词的数量大小；圆与圆的距离大小代表两个主题的差异大小，若两个圆出现重叠部分，则说明这两个主题的主题词存在重叠部分。当用鼠标点击左边的圆时，右侧的主题词也会发生变化，表示的是不同主题下出现频率最高的前 30 个主题词，上端的 λ 参数用于调节某个主题下主题词之间的相关性，如果 λ 越接近 1，那么在该主题下越频繁出现的词跟主题越相关；如果 λ 越接近 0，那么该主题下越特殊、越独有的词跟主题越相关，因此可以通过调节 λ 的大小来改变不同主题下主题词的排序。相比 Python，R 语言更适用于 LDAvis 可视化。

通过情感分析的方法也能够挖掘文本数据背后的信息。情感分析(Sentiment Analysis) 又称为观点挖掘(Opinion Mining)，该方法主要用于挖掘文本数据背后所表达的立场、观点、看法、情绪等主观信息（刘林等，2014)。文本情感分析大致兴起于 20 世纪 90 年代，Riloff 和 Shepherd 构建了情感词典的数据库，为情感分析的发展奠定了基础。由于情感分析可以用于许多领域，已经成为交叉学科的一个研究热点(周立柱等，2008)。

根据研究的任务类型来划分，情感分析可以分为情感分类、情感检索和情感抽取等问题(赵妍妍等，2010)，但目前大部分研究都将情感分析等同于情感分类，本节主要介绍情感分析中情感分类这一方法。简单来说，

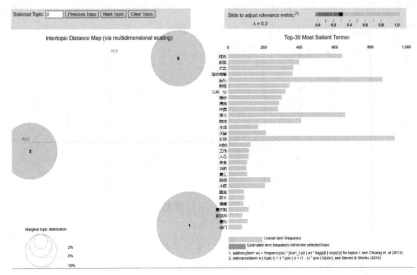

图 4-21　LDAvis 交互界面展示

情感分类是指将文本数据表达的主观看法划分成两类（正面和反面）或三类（正面、反面和中性）甚至七类（如大连理工情感词典）等。按照不同的粒度，情感分类又分为篇章级、句子级、属性级情感分类，篇章级是判别整篇文档总体的情感极性；句子级就是判断文档中每个句子的情感极性；属性级是判别文本中特定属性的情感极性。

传统的情感分析主要采用两种方法（赵妍妍等，2010）：

一种是基于情感词典的方法，根据字典中划分好的词语的情感倾向来判断文本的情感极性。具体操作步骤是选择相应的开源情感词典，通过遍历句子中的词语，找出与词典相对应的词语，再通过对句子中这些词语的褒贬程度进行一些自定规则的计算，例如加权求和等，计算出句子级或篇章级的情感极性。在该方法中，情感词典对情感分析的结果有着决定性的影响，目前较常用的情感词典包括 GI（General Inquirer）英文评价词词典、英文情感词典 MPQA、英文主观词词典、知网（HowNet）中英文评价词词典、英文情感词典 SentiWordNet、台湾大学（NTSUSD）简体中文情感极性词典、大连理工情感词典、中文情感词汇本体库等，当然在实际进行情感分析的过程中也可以通过语料来训练符合文本内容的情感词典，但自主构建情感词典难度较大，除了要求具备较强的背景知识之外，还需要深刻地理解不同语言的内涵。同时，需要注意的是，基于词典的情感分类方法虽然

· 150 ·

容易操作，但精度不高，特别是对于中文文本来说，语言高度复杂，难以做到准确。对于一些新的情感词，例如网络用语中的"emo""我不李姐"等，词典不一定能够覆盖。

另一种是基于机器学习的方法，该方法在完成了数据预处理后，需要通过人工来标注文本倾向性作为训练集；紧接着再去提取文本的情感特征，包括选取适合的语义单元作为特征，为了提高分类的效率和准确性，需要去除特征集中冗余的特征，进行特征的权重计算；最后进行分类器的训练，常用的分类器包括支持向量机、朴素贝叶斯、最大熵等。传统的情感分析方法主要是使用词袋模型（BOW）来表示文本，不考虑词法和语序的问题，因此忽视了情感词的上下文信息，这也是传统情感分析方法最大的弱点。

近些年，深度学习的迅猛发展为情感分析提供了新的思路。基于深度学习的情感分类方法在对文本数据进行预处理之后，接着对词向量进行编码，再将深度信念网络（Zhou S. et al.，2013）、递归神经网络（Richard S. et al.，2013）、卷积神经网络（Kim Y.，2014）等应用到文本数据分类中，解决传统情感分析存在的问题，以达到提高情感分类的准确性的目的。

（4）文本数据可视化

通过一系列的步骤，最终可以获得文本挖掘的结果。所谓"一图抵千言"，正如在 LDA 主题模型中提到的 LDAvis 可视化，通过数据的可视化可以将文本挖掘的结果更加直观地展示出来，以方便理解。在数据可视化方面，利用 R 语言可以通过 LDAvis 可视化数据，Python 也有 Matplotlib、seaborn 等静态图表的绘制包。本节主要介绍 Matplotlib、seaborn 这两个常用的图表绘制包，Matplotlib 是 Python 数据可视化的基础包，seaborn 则是基于 Matplotlib 发展而来的。

Matplotlib 图主要包含了以下几个元素：一是 Figure，调用 Figure 可以创建一张画布，从而设置画布的大小，还可以将画布分为多个区域，在每个区域上绘制单独的图形；二是 Axes 是指画布上的轴，一张画布上可以存在多个轴，例如二维图形有两个轴，三维图形有三个轴。

在 Python 中，Matplotlib 使用 pyplot 模块来创建和绘制图形，通过语句"import matplotlib. pyplot as plt"。使用 Matplotlib 绘图时主要有三个步骤：一是创建画布，确定好是否要创建子图；二是选定画布，若有子图也需要选定子图，然后传入 x、y 轴的数据并设置对应的刻度绘制图形，绘制完图

形后可以添加图例；三是展示图形或者保存图形。Matplotlib 提供了多种绘图函数，其中较为常用的函数主要有 7 种。Plot 用于绘制线条图以分析数据走势；scatter 用于绘制散点图以分析数据分布；hist 用于绘制直方图以分析对比数据；bar 用于绘制条形图以分析对比数据；barh 用于绘制水平方向的条形图；pie 用于绘制饼状图；boxplot 用于绘制箱形图。Matplotlib 官网中有许多图形（见图 4-22），图形相应的代码也有提供，感兴趣的读者可以前往 Matplotlib 官网学习。

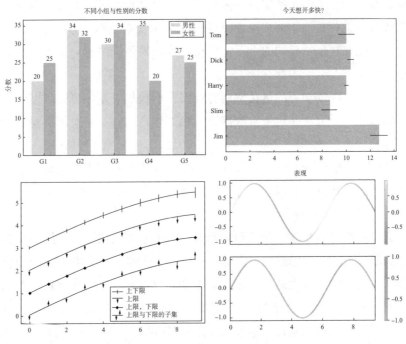

图 4-22　Matplotlib 绘制的部分图形

资料来源：https：//matplotlib.org/。

Matplotlib 支持的图表类型，seaborn 同样支持，但在一般情况下，使用 seaborn 绘图比直接使用 Matplotlib 更容易。原因主要有以下几点：一是 seaborn 底层是基于 Matplotlib 绘图，是 Matplotlib 的进一步封装，因此接口的使用相对更简单，直接使用语句"import seaborn as sns"即可，但若想应用进一步的自定义功能，则需要使用 Matplotlib；二是上文提到若要通过 Matplotlib 在一个画布上绘制多个图形，则需采用子图的方式，子图的排列是按照行列划分的，而 seaborn 的布局基于 FacetGrid 对象，能够根据数据分类在同一平面上自动对子图进行布局；三是 seaborn 与 pandas 的集成度更高，因此在基于 pandas 的数据进行可视化的时候，使用 seaborn 的效率会更高。

使用 seaborn 绘图主要分为五个步骤：一是导入 seaborn 包，若想进一步自定义，则需要 Matplotlib；二是调用 set 方法设置图形的主题，seaborn 使用 Matplotlib rcParam 系统控制图形外观；三是使用 load_dataset 或 pandas.read_csv 等方式加载数据集；四是调用 relpolt 方法绘制图形，其中 x 和 y 参数决定点的位置，size 参数决定点的大小；col 根据"time"的值决定画布所产生的子图的数量，以及哪些数据会落在哪些子图内；hue 和 style 决定点的颜色和形状；五是调用 show 方法展示图形。seaborn 官网中也有许多图形（见图 4-23），图形相应的代码也有提供，感兴趣的读者可以前往 seaborn 官网学习。

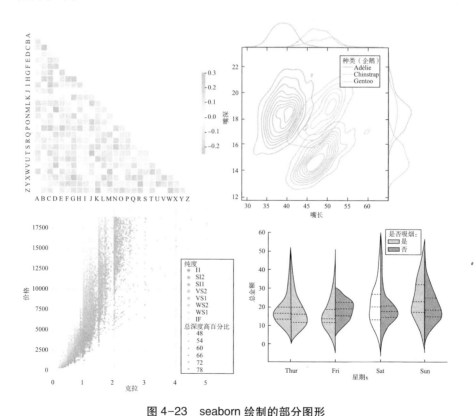

图 4-23　seaborn 绘制的部分图形

资料来源：http：//seaborn. pydata. org/。

4.3.3 案例介绍

为了更好地理解网络爬虫的步骤，本节以爬取某电商平台的产品评论数据为例，介绍网络爬虫的步骤。

第一步，找到网页真正的网址。打开需要爬取数据的电商平台某产品的网页，浏览网页内容分布。找到产品评论区，点击评论区的"下一页"，查看网页网址是否发生变化（本案例选取动态网站，故网页网址会发生变化）。若网址会发生变化则需要打开开发者工具，查看 Network 信息发现规律，找到真正的网址。打开开发者工具后可以发现（见图4-24），切换页面时"Page=3"这一参数会改变，因此找到了真正的网址。

若在撰写爬虫的过程中，发现该电商平台存在反爬机制，则需要在开发者工具中找到 User-Agent 和 Referer 两个参数的内容进行伪装。若不存在则继续进行下一步骤。

第二步，需要在开发者工具中，找到评论具体位于哪一层级（见图4-25），即定位 html 中对应的节点及其属性和含有的信息。经过这一系列步骤，就可以从网页上爬取所需的数据（见图4-26），将其保存为 csv 文件。代码如图4-27所示（需根据实际情况修改）：

图4-24　开发者工具页面

图4-25　定位 html 中对应的节点及其属性和含有的信息

一切都 ok 苹果确实做到了精致　2020-11-05　10：50：00
总的来说还是很满意的，就是这个表带啊，卡不死，我试了好几次，是带扣的那一节表带的问
题，中奖了，也懒得换了，网上再买一根表带看看行不行　2020-11-05　08：50：09
感觉还不错，第一感觉很好　2020-11-05　01：04：50
很好看　是正品　喜欢呀　推荐购买　2020-11-04　23：30：53
做工质量：苹果的手表从没有失望过　2020-11-04　22：01：22
性价比很高，时尚漂亮，推荐购买　2020-11-04　21：35：16
性价比很高，时尚漂亮，推荐购买　2020-11-04　21：34：47
……

图 4-26　爬取的数据（部分）

```
import requests
import json
import csv
csvf=open('文件名 .csv'，'a+'，encoding='utf-8'，newline='')
writer=csv. writer( csvf)
writer. writerow( ( 'id'，'content'，'creationTime'，) )
headers=｛｝#写入" User-Agent" 和" Referer" 参数
url_ template='#输入想要爬取页面的真实网址
url=url_ template
resp=requests. get( url，headers=headers)
raw_ datas=resp. text
datas=json. loads( raw_ datas) #对获取数据进行解码
comments=datas[ 'comments']
for comment in comments：
idhao=comment[ 'id']
content=comment[ 'content']
creationTime=comment. get( 'creationTime')
writer. writerow( ( idhao，content，creationTime) )
print( content，creationTime)
except：
pass
csvf. close
```

图 4-27　爬取某电商平台产品评论数据代码

　　数据爬取完毕之后对数据进行预处理，从图 4-26 可以看到本次从该
电商平台上爬取的数据较为整洁，因此可以使用 jieba 分词库和通用词表对
其进行数据预处理。代码（根据实际情况修改）及分词结果如图 4-28、
图 4-29所示。

```
import pandas as pd
import re
importjieba
import csv
import os
ata = pd. read_csv('文件名. csv', encoding = 'utf-8')
with open('文件名. txt', 'a+', encoding = 'utf-8')as f:
for line in data. values:
f. write((str(line[1])+'\ n')
input_path = '文件名. txt'
output_path = '文件名. txt'
stopwords_path = 'stoplist5. txt'#个人建立的停用词典路径
print('start readstopwords data.')
stopwords = [ ]
with open(stopwords_path, 'r', encoding = 'utf-8')as f:
for line in f:
if len(line)>0:
stopwords. append(line. strip( ))
def tokenizer(s):
words = [ ]
cut = jieba. cut(s)
for word in cut:
if word not instopwords:
if len(word)>1:
words. append(word)
return words
with open(output_path, 'w', encoding = 'utf-8')as o:
with open(input_path, 'r', encoding = 'utf-8')as f:
for line in f:
s = tokenizer(line. strip( ))
o. write(" ". join(s)+"\ n")
```

图 4-28　数据预处理代码

```
舒适 程度
操作 难易 操作
外形 外观 大气
过年 出门 购物 到货 机会 出门 戴上 40mm 刚刚 几条 带子 gps 蜂窝 没什么 差别 一是 城市 支持
支持 机会 不带 手机 手表 出门 性价比 超级 还给 优惠 比官 划算 一个月 music 会员 常用 没什么
续航 能力
特色
样子 没多大用 价格 太贵 电子表 续航 不行
东西 价格 实惠 疫情 期间 速度 很快
```

图 4-29　数据预处理结果(部分)

价格 真的 合适 果粉 没用过 苹果 手表 体验 过后 感觉 真的 阿玛尼 智能 手表 基本功能 体验 真的 iOS 功能 质量 媳妇儿 天天 续航 不错

手表 包装 高大 质感 搭配 休闲 场合 佩戴 老公 喜欢 手表 合适 价格 出手 京东 蓝牙 耳机 性价比 男生 黑色 好看 京东 物流 很快 转天 送到 老公 拿到 好开心 哈哈哈

功能 强悍 送货 大屏 真好

喜欢 一块 42mm 三年 不知 这块 好受

……

图 4-29　数据预处理结果（部分）（续）

数据预处理完成之后可对文本数据进行分析，上文主要介绍了 LDA 主题建模和情感分析两种文本分析的方法，在这里仅演示 LDA 主题建模的方法。首先需要确定 K 值，这里使用基于密度的自适应最优 LDA 模型选择方法（曹娟等，2008），确定 K 值后调用相应的库即可。代码如图 4-30 所示。

```
import pandas as pd
importnumpy as np
import re
importitertools
importmatplotlib. pyplot as plt
data=pd. read_ csv("文件名 . csv", encoding=´utf-8´)
fromgensim import corpora, models
pdict=corpora. Dictionary([[i] for i in data])#建立词典
corpus=[pdict. doc2bow(j)for j in [[i] for i in data]]#建立语料库
def cos(vector1, vector2):#余弦相似度函数
dot_ product=0. 0;
normA=0. 0;
normB=0. 0;
for a, b in zip(vector1, vector2):
dot_ product+=a * b
normA+=a * * 2
normB+=b * * 2
if normA = = 0. 0 ornormB = = 0. 0:
return(None)
else:
return(dot_ product /((normA * normB) * * 0. 5))
#主题数寻优
deflda_k(x_ corpus, x_ dict):
mean_ similarity=[]#初始化平均余弦相似度
mean_ similarity. append(1)
#循环生成主题并计算主题间相似度
for i in np. arange(2, 11):
```

图 4-30　LDA 主题建模

```
lda = models. LdaModel( x_ corpus, num_ topics = i, id2word = x_ dict)#LDA 模型训练
for j in np. arange( i):
term = lda. show_ topics( num_ words = 50)
#提取各主题词
top_ word = [ ]
for k in np. arange( i):
top_ word. append( [ ''. join( re. findall( '"( . * )"', i)) \
for i in term[ k][ 1]. split( '+')])   #列出所有词
#构造词频向量
word = sum( top_ word, [ ])#列出所有的词
unique_ word = set( word)#去除重复的词
#构造主题词列表，行表示主题号，列表示各主题词
mat = [ ]
for j in np. arange( i):
top_ w = top_ word[ j]
mat. append( tuple( [ top_ w. count( k)for k in unique_ word]))
p = list( itertools. permutations( list( np. arange( i)), 2))
l = len( p)
top_ similarity = [ 0]
for w in np. arange( l):
vector1 = mat[ p[ w][ 0]]
vector2 = mat[ p[ w][ 1]]
top_ similarity. append( cos( vector1, vector2))
#计算平均余弦相似度
mean_ similarity. append( sum( top_ similarity)/ l)
return( mean_ similarity)
#计算主题平均余弦相似度
pos_ k = lda_ k( corpus, pdict)
#绘制主题平均余弦相似度图形
frommatplotlib. font_ manager import FontProperties
font = FontProperties( size = 14)
#解决中文显示问题
plt. rcParams[ 'font. sans-serif'] = [ 'SimHei']
plt. rcParams[ 'axes. unicode_ minus'] = False
fig = plt. figure( figsize = ( 10, 8))
ax1 = fig. add_ subplot( 211)
ax1. plot( pos_ k)
ax1. set_ xlabel( 'LDA 主题数寻优', fontproperties = font)
```

图 4-30　LDA 主题建模(续)

运行完代码后会出现一张随着 k 值的变化，主题之间相似度跟着变化的图，如图 4-31 所示，从该图中可知主题 $k=6$ 时各主题之间相似度最低。

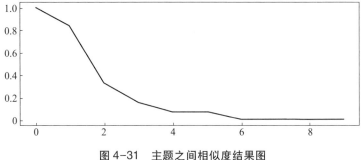

图 4-31　主题之间相似度结果图

最后再调用 lda 主题的库，即可得出结果。如图 4-32 所示。

```
lda = models. LdaModel( corpus，num_ topics = 6，id2word = pdict) # num_ topics 即为得出的 k 值
lda. print_ topics( num_ words = 6) # num_ words
```

图 4-32　LDA 主题分析

4.4　数据科学与专利分析

我国经济发展模式进入了重大转折时期，经济增长速度由之前的高速增长转为中高速增长，经济发展战略由之前的加工制造转换为创新驱动。产业、行业、企业等不同层面的升级转型都离不开专利信息资源的支持。作为一种包含了法律信息、经济信息和技术信息的复合型信息资源，专利信息在这个技术竞争越发激烈的时代，日益重要。特别是基于用户价值的高端咨询服务需求，如专利挖掘、专利规避设计、专利价值评估、竞争对手专利分析等，以及专利商业化的新兴业态，如专利质押、专利证券化等不断涌现。目前，我国的创新主体和市场主体越来越需要专利服务机构能够提供更高质量的个性化、专业化、系统化、战略化和规模化的专利信息增值服务。

4.4.1　专利分析概念

专利信息分析(简称专利分析)，是指加工及组合来自专利文献中大量或个别的专利信息，同时利用统计方法或数据处理手段，使这些信息具有纵览全局及预测的功能。事实证明，通过专利分析可以使专利信息由普通的信息上升为企业经营活动中具有价值的情报(马天旗，2015)。专利导

航、专利分析评议、专利预警分析、行业专利趋势分析、产业专利分析等均是专利分析的下位概念。专利分析是保障企业技术竞争领先的有效措施和得力手段，现已成为企业技术创新的重要内容，是企业获取竞争优势的重要手段。

专利分析的发展主要可划分为概念建立阶段、学术研究阶段和工具开发阶段。

专利引文分析的概念是 Seidel 于 1949 年提出的，他指出，专利引文即后续研发的专利，这是基于相似的科学论点对早期公布专利的引证；Seidel（1949）还提出了技术被引次数可以反映技术重要程度的观点。其他类型的专利分析方法更加侧重对专利数据进行深入探索，开展准确、客观的研究。Yoon 和 Park（2004）提出将文本挖掘等技术应用于专利的相关分析中，推动技术机会识别的研究。

进入 21 世纪后，随着互联网、大数据与云计算等前沿技术的出现和逐步发展，专利分析开始被真正应用于企业战略规划与竞争分析中，各类分析方法不断涌现、扩充、完善。世界上许多商业咨询机构和智库公司都建立了各自独特的专利分析指标体系，比如汤森路透、胡佛研究所和兰德公司等。

如图 4-33 所示，早期的专利分析技术主要作为一种企业经营管理方法出现；1990 年后随着 CHI 学派方法研究的推进，专利分析开始成为一个科学研究领域，这段时间也成为专利分析理论、方法和技术飞速发展的时期；随后伴随着计算机技术的发展，专利分析开始由人工分析转向以数据为主的自动化、智能化分析，并在此基础上出现了新的专利分析工具，如TI（Thomson Innovation）、Innography、WIPS 等。

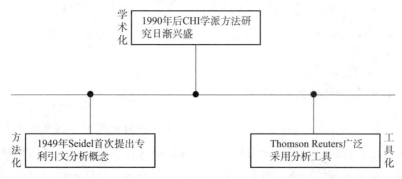

图 4-33　专利分析的主要发展历程

　　根据方法性质的不同，专利分析方法一般分为定量分析、定性分析及混合分析等。定量分析是指基于统计学、计量学和数据挖掘等方法对专利及其相关数据开展统计和数据挖掘分析；定性分析主要指运用专家的专业知识，针对不同的目的，对专利数据进行解读和分析；混合分析是将定量分析与定性分析相结合，首先运用数据挖掘等方法对专利数据进行全面、系统的分析，将分析的结果与专家意见相结合，综合得出最终的结论和意见。以上三种常见专利分析方法见表 4-9。

表 4-9　不同性质的专利分析方法划分

方法性质	分析手段和分析内容
定量	技术生命周期分析
	分类号、关键词等技术主题的聚类分析
	时间序列分析
	地域分布和技术构成分析
	技术实施情况统计分析
	……
定性	技术功效矩阵分析
	核心专利分析
	权利要求分析
	技术发展路线分析
	……
混合分析	专利文本数据挖掘
	专利价值评估分析
	专利引文分析
	……

　　此外，国内学者郭婕婷、肖国华等从分析维度的角度提出专利分析方法可依照"点—线—面—立体"的四个层级加以划分，其中"点"分析主要是从单一指标对专利数据进行浅层的统计分析；"线"分析是指将单一指标的专利统计结果依照时间、空间、类别进行综合分析，依照时间、空间、类别等对数据进行统一的描述；将"线"分析结果加以综合，即将时间、空间、类别等不同层面的分析结果加以综合而得到彼此相互联系的技术发展概况的"面"分析结果；最后，通过对"面"分析结果加以组合，可以得到专利与其他相关因素之间交互关系的全面分析，从透视的角度将隐藏的要素

完整揭示出来，形成最终的技术分析结果（郭婕婷，肖国华，2008）。该分类体系如表4-10所示。

表4-10　依照层次的专利方法分类

分析层次	分析手段和分析内容
点	专利申请量、授权量等数量及构成分析
	申请人、发明人申请量排序分析
	……
线	专利申请的时间序列构成分析
	技术生命周期分析
	专利申请的地域分布分析
	专利申请的国际专利分类（IPC）分布分析
	……
面	技术矩阵分析
	专利聚类分析
	专利引文分析
	技术输入输出国分析
	……
立体	专利组合分析
	TEMPST 分析
	鱼骨技术分析
	技术发展路线分析
	……

此外，还有学者将专利分析方法分为一维分析、二维分析以及高维分析等，这是根据分析的深度不同而分类的（蔡爽，2008）。也有学者对专利分析方法加以划分，包括面向技术预测的专利分析、面向专利威胁的专利分析、评估专利价值的专利分析等，这是根据分析目的的不同而进行的分类（方曙，2007）。

然而，以上的划分体系是从方法本身的角度构建的，主要思想仍然借鉴了其他学科的分类标准，并未针对专利的特点进行划分。本书借鉴了国内学者马天旗（2015）对技术分析的划分，并结合数据挖掘的基本组成，将专利数据分析方法划分为数据趋势分析、数据构成分析、数据排序分析和数据关联分析。

本书中的数据分析方法主要是指以统计分析方法对获取的专利数据

进行分析，发现数据中包含的有用信息的过程，其目的在于对纷杂的专利数据进行组织、整理和提炼，发现分析对象中隐藏的规律和当前的状况。

通常专利分析中涉及的数据分析方法包含 4 个类型，如表 4-11 所示。

表 4-11　专利分析中涉及的数据分析方法

类型	数据分析方法
1	分析目标对象的数量随时间变化的趋势，包括专利申请量趋势分析、技术生命周期分析等
2	分析不同对象在总和中的占比，即分析部分与整体的关系构成，包括技术构成分析、申请人类型分析等
3	对专利的某一要素进行排序分析，如申请人分析、发明人分析等
4	对专利不同要素之间的相互关系进行分析，包括技术功效矩阵分析、专利引证分析、数据聚类分析等

4.4.2　数据趋势分析

趋势分析主要是指描述专利数据随时间的变化态势，在此基础上对技术的未来发展状况进行预测。趋势分析主要包括三点：

①以技术领域为对象的技术领域趋势分析；

②以申请人（专利权人）为对象的人物趋势分析；

③以申请地区为对象的地域趋势分析。

本书以技术领域趋势分析和人物趋势分析为例，介绍趋势分析方法。此外，本书还对技术生命周期分析方法进行了介绍。

（1）技术领域趋势分析

技术领域趋势分析中的技术，指特定范围的技术领域、产品、行业或者产业。技术领域趋势分析的对象可以是目标领域的全球专利数据，也可以是利用其他分析维度，如申请人（专利权人）、申请地区等筛选后的专利数据。通过技术领域趋势分析，可以得到以下信息：

①技术领域的全球专利申请趋势。

②技术领域在不同地区的专利申请态势。

③技术领域首次申请国（优先权中的国别）的专利申请趋势。

④不同技术分支的全球专利申请趋势。

⑤技术领域不同申请人的专利申请趋势。

技术领域趋势分析图中横轴为时间，纵轴可以是专利申请量、专利授权量、专利申请人数、专利发明人数等。在此，依据清华-中国工程院知识智能联合研究中心和清华大学人工智能研究院知识智能研究中心发布的《中国人工智能发展报告 2020》，以"我国人工智能领域专利申请量"的年度变化趋势（至 2020 年）为例，对技术领域趋势分析进行说明。图 4-34 为2010—2020 年我国人工智能领域专利申请量的变化情况。

我国人工智能领域的专利申请量总体上呈逐年上升趋势，且增长速度不断加快。增长速度的变化包括三个阶段，第一阶段为 2010 年后，专利申请量增长变快；第二阶段为 2014 年后，增长速度再次变快；第三阶段为2019 年后，专利申请量下降。其中，2018 年专利申请量最多，与 2010 年专利申请量相比，增长 7 倍多。人工智能领域已经成为当前技术研发的热点及焦点领域。

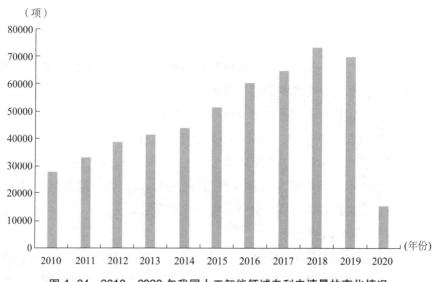

图 4-34　2010—2020 年我国人工智能领域专利申请量的变化情况

（2）申请人趋势分析

本书以申请人为例对人物趋势分析进行介绍。以申请人为对象开展的人物趋势分析，数据来源包括目标申请人全球专利数据、具有相同属性的同一类申请人（如根据申请人性质划分的高等院校、企业、个人和社会机关团队等）的专利数据，还包括申请人与技术领域、地域、专利类型等维度进行组合筛选的专利数据。

通过对申请人开展趋势分析，可以得到的信息包括：

①目标申请人全球专利申请趋势。

②多个申请人全球专利申请趋势。

③申请人不同技术领域的全球专利申请趋势。

④申请人不同地域的专利申请趋势。

⑤申请人不同类型的专利申请趋势。

⑥申请人的核心发明人的全球专利申请趋势。

在专利申请趋势分析图中，其横轴为时间，通常以年为单位；而其纵轴通常为专利授权量、专利申请量、专利发明人数量等。下文以前瞻产业研究院对 2021 年中国人工智能技术龙头企业市场竞争格局的分析为例[①]，对 2010—2021 年百度和华为人工智能专利申请趋势变化进行说明。数据统计截至 2021 年 7 月 15 日。

如图 4-35 所示，从 2010 年开始到 2019 年，百度和华为两家公司在人工智能专利申请量上不相上下，整体区别不大。但是，在 2020 年，百度在人工智能专利申请量上远超华为，达到 1564 项，是华为的 4.42 倍。虽然 2021 年人工智能专利申请量统计不完全，但是目前来看百度的申请量仍高于华为。

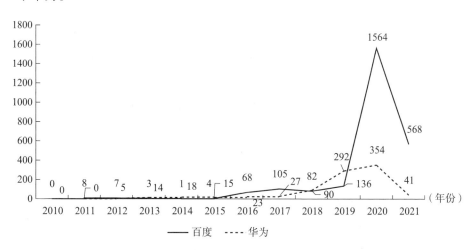

图 4-35　2010—2021 年百度和华为人工智能专利申请趋势变化

---

① 前瞻产业研究院. 独家！2021 年中国人工智能技术龙头企业市场竞争格局分析百度网讯 VS 华为[EB/OC]. [2021-12-28]. https：//bg. qianzhan. com/report/detail/300/211228-6c53e103. html.

4.4.3　数据构成分析

数据构成分析是指在专利数据统计结果上，对专利数量、比例开展构成分析，从中提取能够描述技术研发状况和未来发展的专利情报信息，进而为技术研发策略的制定提供参考。本书以技术构成分析、申请人(专利权人)构成分析和申请地域构成分析为例对数据构成分析方法进行介绍。

(1)技术构成分析

技术构成分析的对象可以是技术、人物或地域相关的专利数据，也可以是技术、人物、地域、专利类型、法律状态等组合的专利数据，比如将申请人与申请地域进行组合，分析目标申请人在不同申请地域的专利数据。

通过对不同对象的专利技术构成进行分析，可以达到以下目的：

①了解专利申请的重点和空白点，发现核心技术及重点专利；

②评估技术研发广度，判断技术和市场能力强弱；

③评估技术研发集中度，判断目标的技术研发投入和市场竞争重点。

对专利数据的集合进行相关技术分类，是在技术构成分析的准备阶段所需要做的工作，通常这是依据专利著录项中的分类信息(如国际专利分类 IPC)进行分类的；另外也可以根据实际需求进行定制化分类(如按照功能、基因、化学成分等进行分类)。

技术构成分析图是技术构成分析结果的常见可视化形式，图中除了常见的专利申请量和比例之外，还可以包括一些加工后的指标，包括技术侧中度、技术宽度和相对专利密度等。下面以 2020 年人工智能领域专利技术分支申请量构成图为例进行说明①。

将人工智能领域专利按照技术划分为 10 个类别，对不同技术类别的专利申请量进行统计，如图 4-36 所示，云计算领域的专利申请量最高，占比高达 18.38%；排在第二位的是计算机视觉，专利申请量占 17.72%。排在第三位和第四位的分别是深度学习和自动驾驶，占比分别为 14.52% 和 12.36%。排在后六位的分别为智能机器人、交通大数据、智能推荐、自然语言处理、智能语音和其他技术。由此可见，云计算目前发展较为成熟，

---

① https：//gongyi.cctv.com/2020/11/13/ARTInGv9yqvpU58qhOu0sU7s201113.shtml 国家工业信息安全发展研究中心，工信部电子知识产权中心.2020 人工智能中国专利技术分析报告［EB/OL］.

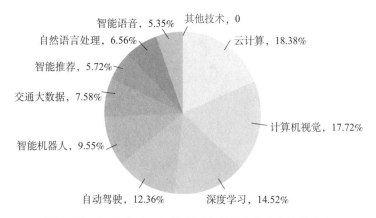

图 4-36　2020 年人工智能领域专利技术分支申请量占比

技术积累较为丰富，和计算机视觉、深度学习、自动驾驶是当前的新兴研究热点。

（2）申请人（专利权人）构成分析

申请人（专利权人）构成分析的对象通常是技术、人物或地域的相关专利数据，也可以是技术、人物、地域等组合筛选后的专利数据，比如将技术领域与申请地域相组合，可以分析目标技术领域在不同地域的专利数据。

开展申请人（专利权人）构成分析，可以达到以下目的：

①明确创新者的身份构成，辨识创新的主体；

②评估竞争对手的特点和实力，了解某技术领域或者地域范围的市场竞争状况。

申请人（专利权人）构成分析的前提是对申请人（专利权人）进行分类，分类的角度包括申请人（专利权人）所属的地域、国别等，如中国申请人（专利权人）、美国申请人（专利权人）；申请人（专利权人）的类型，如个人、研究机构、大学、企业等。在此，以 2020 年人工智能领域申请人专利申请量构成为例①，进行说明。

从图 4-37 的 2020 年人工智能领域申请人专利申请量构成图可以看出，企业和高校是人工智能领域技术发展的核心力量。百度、腾讯和华为分别以 9364 件、8450 件和 7318 件位列前三名。清华大学作为高校代表，以 3655 件位列第十名。

---

①　国家工业信息安全发展研究中心，工信部电子知识产权中心 . 2020 人工智能中国专利技术分析报告［EB/OL］. https：//gongyi. cctv. com/2020/11/13/.

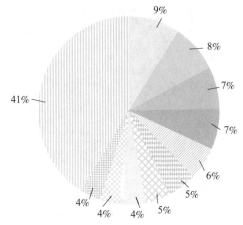

图 4-37　2020 年人工智能领域申请人专利申请量占比

（3）申请地域构成分析

开展申请地域构成分析，主要可达到以下目的：

①分析国家或地区的技术优势和技术特点，了解目标市场的专利布局情况；

②分析各个国家或地区的专利布局及专利输入输出情况，识别技术起源国，锁定目标市场等；

③对不同国家或地区的技术实力进行对比。

专利申请地域构成分析以图表的形式直观展示专利申请的地域构成及其变化情况，数据来源主要为专利文献中的优先权地域（优先权号中的地域代码）、公开地域（公开号中的地域代码）、申请人地址等信息。

以 2020 年全球人工智能专利申请量排名领先的国家/组织①为例，对申请地域构成进行简要分析。

由图 4-38 可知，全球人工智能专利申请量排名领先的国家/组织依次是中国、美国、日本、韩国、世界知识产权组织和欧洲专利局。其中，中国申请专利量为 389571 项，是排名第二的美国的 8.24 倍、排名第三的日本的 11.54 倍。

---

　　① 张春婵. 人工智能发展报告 2020［J］. 数据，2021（1）：30-33. http：//qikan. cqvip. com/Qikan/Article/Detail？id=7105369598.

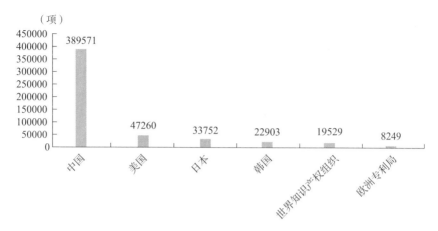

图 4-38　全球人工智能专利申请量排名领先的国家/组织

4.4.4　数据排序分析

数据排序分析是在专利数据的统计分析结果上，为了描述目标对象，比如申请人、地区、技术领域或发明人在业内的地位和实力，进而说明当前竞争态势的一种分析。常见的分析角度包括技术、申请人、发明人、专利代理机构、申请地域等。本书主要选择技术、申请人、发明人和申请地域对数据排序分析方法加以介绍。

（1）技术领域排序分析

技术领域排序分析的对象包括技术、人物或地域相关的专利数据，也包括技术、人物、地域、专利类型、法律状态等组合筛选后的数据，如将申请人与技术领域组合后，可以发现目标对象在目标领域的技术布局情况。

通过技术领域排序分析，可以实现以下目的：

①筛选专利申请的主要技术领域；

②识别与竞争对手的主要竞争领域；

③为后续分析筛选目标，筛选目标技术领域。

开展技术领域排序分析前，同样需要对专利数据的技术类别进行划分，主要依据包括 IPC 分类号、专利授权量、发明人数量等。

以 2020 年深度学习技术重点申请人重点分支技术分布为例，简单分析深度学习技术领域重点分支技术。

从图 4-39 可知，企业和高校是促进深度学习技术不断发展的主要力

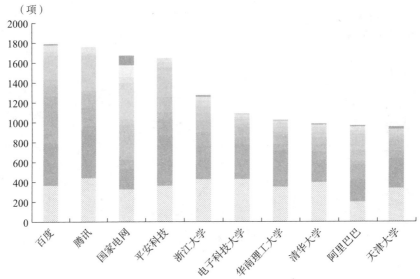

（项）

图例
▨ 仿真系统　　■ 数字识别　　■ 数字方法　▨ 图像分析　▨ 与行政监管相关的数字系统
▨ 通用数据处理设备　▨ 商业智能系统　　H04L29　　G01R31　　■ H02J3

图 4-39　2020 年深度学习技术重点申请人重点分支技术分布

资料来源：深度学习成为我国人工智能专利创新最活跃领域之一，http：//www.iprdaily.cn/article_26362.html_。

量，其中百度、腾讯和国家电网 2020 年在深度学习技术方面申请的专利量位列前三名。对于重点分支技术，仿真系统（G06N3）、数字识别（G06K9）和数字方法（G06F17）分支技术是企业和高校专利申请量最多的三项技术。通用数据处理设备（G06F16）分支技术专利申请量上，企业均要高于高校；国家电网的与行政监管相关的数字系统（G06Q10）和商业智能系统（G06Q50）两项分支技术均高于其他企业和高校。整体来看，深度学习技术领域的专利申请以仿真系统、数字识别、数字方法、商业智能系统等技术分支为主，这些分支是该领域的研究和发展重点。

（2）申请人排序分析

申请人排序分析的对象包括技术或地域相关的专利数据，也包括技术、人物、地域、专利类型等组合筛选后的专利数据，如将技术领域与申请人组合后，可以分析目标申请人在不同技术领域的技术优势。

通过申请人排序分析，可以实现以下目的：

①通过比较，筛选出主要申请人；

②锁定竞争对象，筛选出目标领域技术实力强大的竞争对手；

③筛选分析目标，开展后续的深入研究。

申请人排序分析的结果呈现，除专利申请量外，还可以是授权量、公开量、发明人数、引证次数等其他指标。

图 4-40 为智能驾驶领域专利申请量排名前十的公司/机构①。

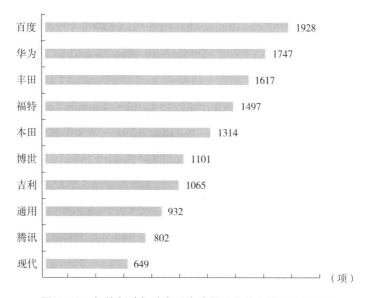

图 4-40　智能驾驶领域专利申请量排名前十的公司/机构

由图 4-40 可知，总体而言，智能驾驶领域的专利数目不多，在技术发展方面依然有较大的发展空间。专利申请量排名前十中，百度排在第一位，说明其在该领域的技术研发投入较大，且取得了一定的技术优势；排在第二位至第四位的为华为、丰田和福特 3 家外资公司。此外，还包括本田、博世、吉利 3 家车企，排名前十中共出现 7 家车企，说明智能驾驶领域是当前汽车行业的竞争热点，且企业才是智能驾驶领域技术研发的主体。

（3）发明人排序分析

发明人排序分析对象可以是技术或人物相关的专利数据，也可以是技术、人物、地域、专利类型等组合筛选后的专利数据，如发明人与技术领域组合后，可以发现目标领域内的重要发明人。

发明人排序分析结果可以显示以下信息：

①发现重要发明人，识别中药发明人的技术优势；

---

① 参见 https：//www.sohu.com/a/433151289_100293833。

②锁定发明人的分析目标，为后续的深入分析提供帮助；

③锁定竞争对象，筛选出主要竞争对手。

图4-41为吉林省中药领域发明人排序结果。

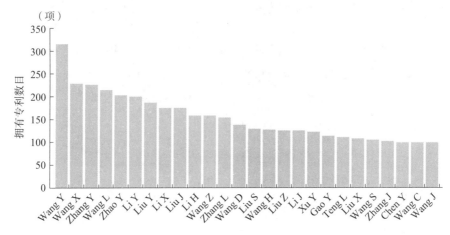

图4-41　吉林省中药领域发明人排序

从图4-41中可以看出，吉林省中药领域拥有专利数目100项以上的发明人共计26人，拥有专利数目在200项以上的发明人共计6人，拥有专利数目最多的发明人为Wang Y，共计拥有专利数目317项。

4.4.5　数据关联分析

专利活动是创新活动的一个方面，如需全面了解科研、市场、经营行为，需要将技术研发、市场竞争、经营管理以及其他相关行业、经济、政策等方面的数据与专利数据进行综合分析。

前文中介绍的方法，包括数据趋势、构成及排序分析。主要体现了大数据的数据量大和处理速度快的特点；而数据关联分析方法，则更深层次地将大数据品种复杂的特点引入进来。

数据关联分析方法包括3个类型：

①将多个专利数据的分析维度进行组合，根据多个专利数据的关联性对专利技术进行分析。常见方法如多维专利图表分析。

②采用多个数据指标进行专利组合分析，从国家、地区、企业、专利权人等多个视角对技术研发情况进行分析、评估，常见方法如专利地图、专利组合分析等。

③利用大数据思维对专利数据与市场、法律等其他维度的数据进行综合分析，常见的方法包括引文分析方法、聚类方法等。

（1）专利图表关联分析

在进行专利分析时，将多个专利数据的分析维度进行组合，根据多个专利数据的逻辑层次进行梳理。该方法的实现过程包括：

①根据专利分析的目的，确定专利数据源，并将这些专利数据的逻辑层次进行梳理；

②分析专利数据的关联性，根据专利数据的关联性对专利技术进行分析与评估；

③利用复合图表对分析结果进行展示。

图 4-42 为吉林省中药专利 IPC 分类号与发明人（专利数目在 80 项以上）矩阵。

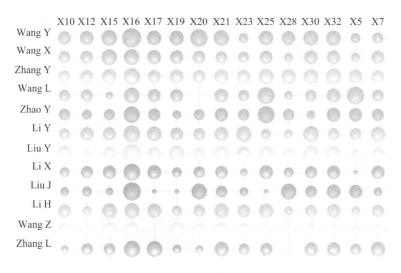

图 4-42　IPC-发明人矩阵

据图 4-42 可知，WangY，Wang X，Zhang Y3 人为关键发明人，关键发明人研究的技术热点包括五类，如表 4-12 所示。

表 4-12　关键发明人研究的技术热点

类别	关键发明人研究的技术热点
1	其他类不包含的食品或食料；及其处理（A23L1/29）
2	含有来自藻类、苔藓、真菌或植物或其派生物，例如传统草药的未确定结构的药物制剂，人参属（人参）（A61K36/258）

数据科学导论

续表

类别	关键发明人研究的技术热点
3	治疗局部缺血或动脉粥样硬化疾病的，例如抗心绞痛药、冠状血管舒张药、治疗心肌梗死、视网膜病、脑血管功能不全、肾动脉硬化疾病的药物（A61P009/10）
4	非中枢性止痛剂，退热药或抗炎剂，例如抗风湿药；非甾体抗炎药（NSAIDs）（A61P029/00）
5	抗肿瘤药（A61P035/00）

其他发明人属于天才发明人，研究热点主要包括四类，如表 4-13 所示。

表4-13　其他发明人研究的技术热点

类别	其他发明人研究的技术热点
1	其他类不包含的食品或食料；及其处理（A23L1/29）
2	含有来自藻类、苔藓、真菌或植物或其派生物，例如传统草药的未确定结构的药物制剂（A61K36/258）
3	治疗高血糖症的药物，例如抗糖尿病药（A61P009/10）
4	抗肿瘤药（A61P035/00）

（2）专利指标组合分析

本书以发明人矩阵为例，说明专利组合分析的思想。引文信息说明了发明人相关的专利被引用的总数，可以反映发明人在技术领域的影响力。结合发明人—专利数据和发明人—引文数据，可以对发明人的技术研发实力进行综合分析。其中，发明人拥有的专利数可以反映发明人科技研发的数量，发明人相关专利的总被引用数可以反映其科技研发的质量，将两者结合，可分为4种，分别为关键发明人、天才发明人、多产发明人和平庸发明人。关键发明人专利申请质量和数量都较高，是行业核心的技术研发力量；天才发明人虽然技术研发活动少，但是质量比较高，是行业值得关注的技术研发人才；多产发明人只追求数量不追求质量，研发专利数量较高，被引数量很低，是行业的一般技术研发人员；平庸发明人，专利数量低，并且质量不高，是完全不值得关注的对象。

（3）综合数据关联分析

大数据分析是指从大量各种类型的数据中，快速获取有价值信息的方法。随着互联网时代的到来，大数据分析越来越受到关注。全球专利文献数据经过多年的积累，数据量已经超过1亿条，同时大量的包含技术研发活动其他维度信息的非专利数据，也越来越多地被引入分析中。目前的分析方法包括网络分析、引文分析、聚类分析等。

本书以技术—功效矩阵这一专利组合分析常见方法为例，对综合数据关联分析的效果进行介绍。图 4-43 为中药饮片领域的技术—功效矩阵结果。

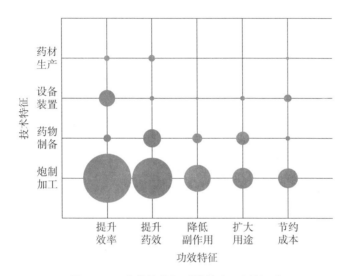

图 4-43　中药饮片领域的技术-功效矩阵

技术—功效矩阵能够从技术类型和技术用途两个角度对技术分支进行描述。从图 4-43 可知，炮制加工为该领域的主要技术研发领域，专利申请量最高(张浩, 2018)。

能够提升药效、扩大药物用途的药物制备技术以及能够提升效率的设备装置技术、生产效率是该领域的技术突破点及重点，目前已经有一些研发投入，但仍有较大的成长空间。而能够降低药物副作用、扩大药物用途，以及能够降低生产成本的炮制加工技术是其技术发展的热点。药材生产方向，整体的技术研发投入和技术活动较少，针对不同的技术需求都不具有太多的专利数量，是该领域的空白点。说明目前该领域的投资前景不够明确，应多关注该方向的基础研究，找到限制该方向发展的问题。

4.5　本章小结

本章主要介绍了推荐系统的各类应用，分推荐算法、智慧医疗、电子

商务、专利分析四部分分别介绍了相关的应用背景、技术方法及应用案例。

首先，介绍了推荐算法的发展与现状，其经典的应用以及协同过滤、基于内容的推荐、基于模型的推荐和混合推荐方法，进而介绍了推荐算法在产业中的应用案例。医疗大数据是大数据概念最早的来源之一（粟丹，2019）。随后，本章对健康医疗大数据和智慧医疗的概念、发展现状、挑战和应用场景进行介绍。

其次，电子商务领域的数据科学技术方法是发展较为迅速的研究领域，本章主要展示了如何从网页中爬取所需数据，并且从文本数据中挖掘出有价值的信息。为此简单介绍了 Python 网络爬虫的步骤、数据处理、数据分析、数据可视化相关的内容，并且以某电商平台为例，具体展示网络爬虫、数据处理、数据分析等相关的步骤。

最后，考虑到全球专利数据是极具分析价值的数据资源，专利数据数量庞大、种类繁多且时常变化，非常适合运用大数据工具和技术进行处理，本章结合大数据的背景，对常见的专利分析方法进行介绍，并通过一些案例对专利分析的目的和效果进行说明。限于篇幅，本章的论述不够详细、全面，但希望能为读者快速了解大数据在多个场景中的应用提供帮助。

参 考 文 献

[1]蔡佳慧，张涛，宗文红.医疗大数据面临的挑战及思考[J].中国卫生信息管理杂志，2013(4)：292-295.

[2]蔡爽，黄鲁成.专利分析方法评述及层次分析[J].科学学研究，2008(S2)：421-427.

[3]曹娟，等.一种基于密度的自适应最优LDA模型选择方法[J].计算机学报，2008(10)：1780-1787.

[4]陈虹枢.基于主题模型的专利文本挖掘方法及应用研究[D].北京：北京理工大学，2015.

[5]陈锐，马天旗.论我国专利信息服务能力的科学发展[J].中国发明与专利，2016(6)：68-72.

[6]方曙，张娴，肖国华.专利情报分析方法及应用研究[J].图书情报知识，2007(4)：64-69.

[7]郭婕婷,肖国华.专利分析方法研究[J].情报杂志,2008(1):12-14.

[8]刘保延.真实世界的中医临床科研范式[J].中医杂志,2013(6):451-455.

[9]刘林,等.基于随机主元分析算法的 BBS 情感分类研究[J].计算机工程,2014(5):188-191.

[10]马天旗.专利分析:方法、图表解读与情报挖掘[M].北京:知识产权出版社,2015.

[11]彭茂祥,李浩.基于大数据视角的专利分析方法与模式研究[J].情报理论与实践,2016,039(007):108-113.

[12]粟丹.论健康医疗大数据中的隐私信息立法保护[J].首都师范大学学报(社会科学版),2019(6):63-73.

[13]胥婷,于广军.健康医疗大数据共享的应用场景及价值探析[J].中国数字医学,2020(7):1-3.

[14]杨坤.我国研究型医院的建设策略研究[D].北京:中国人民解放军军事医学科学院,2016.

[15]杨宗晔.人工智能助力智慧医疗发展[J].智能建筑,2018(11):22-23.

[16]姚琴.面向医疗大数据处理的医疗云关键技术研究[D].杭州:浙江大学,2015.

[17]袁维勤.政府购买养老服务问题研究[D].重庆:西南政法大学,2012.

[18]张浩,张云秋.三维技术功效分析模型构建与实证研究[J].情报理论与实践,2018,41(5):74.

[19]赵妍妍,秦兵,刘挺.文本倾向性分析[J].软件学报,2010,21(8):1834-1848.

[20]周立柱,贺宇凯,王建勇.情感分析研究综述[J].计算机应用,2008,28(11):2725-2728.

[21]ANDERSON, C. The Long Tail—How endless choice is creating unlimited demand[J]. Market Leader, 2006(34):60-61.

[22]BATES, D. W., et al. Big data in health care:using analytics to identify and manage high-risk and high-cost patients[J]. Health Aff, 2014, 33(7):1123-1131.

［23］BLEI, D. M., et al. Latent Dirichlet Allocation［J］. Journal of Machine Learing Research, 2003, 3(4-5): 993-1022.

［24］BURKE, R. Hybrid recommender systems: survey and experiments［J］. User Modeling and User-Adapted Interaction, 2002, 12(4): 331-370.

［25］ERNST, H. Patent portfolios for strategic R&D planning［J］. Journal of Engineering and Technology Management, 1998, 15(4): 279-308.

［26］GENG, S., et al. Knowledge recommendation for workplace learning: a system design and evaluation perspective［J］. Internet Research, ahead-of-print(ahead-of-print), 2019.

［27］KIM, Y. Convolutional neural networks for sentence classification［J］. In Proceedings of the Conference on Empirical Methods in Natural Language Processing, 2014(1-2): 1746-1751.

［28］LINDEN, G., SMITH, B., YORK, J. Amazon. com recommendations: item-to-item collaborative filtering［J］. Internet Computing IEEE, 2003 (7): 76-80.

［29］NG, A. Y., JORDAN, M. I. On discriminative vs. generative classifiers: a comparison of logistic regression and naive bayes［J］. Advances in Neural Information Processing Systems, 2002, 2.

［30］Resnick P., Iacovou N., Sushak M., Bergstrom P., and Riedl J.. Grouplens: An open architecture for collaborative ltering of netnews［J］. In Proceedings of CSCW 1994. ACM SIG Computer Supported Cooperative Work, 1994.

［31］RICHARD, S., et al. Recursive deep models for semantic compositionality over a sentiment treebank［J］. In Proceedings of the Conference on Empirical Methods in Natural Language Processing, 2013: 1631-1642.

［32］SALTON, G., WONG, et al. A vector-space model for information retrieval［J］. Communications of the ACM, 1975, 18(11): 13-620.

［33］SEIDEL A H. Citation system for patent office［J］. Journal of the Patent Office Society, 1949, 31(5): 554.

［34］YOON B, PARK Y. A text-mining-based patent network: Analytical tool for high-technology trend［J］. The Journal of High Technology Management Research, 2004, 15(1): 37-50.

［35］ZHOU S, CHEN Q, WANG X. Active deep learning method for semi-supervised sentiment classification［J］. Neurocomputing, 2013, 120(23): 536-546.

第5章
数据智能创新与创业

5.1　数据背后的商业价值挖掘

　　一个创业想法的萌生源于创业者发现了市场上消费者的某个需求没有得到满足。在传统时代，创业者想要发掘消费者未被满足的需求通常是通过观察消费者的行为或者根据日常生活经验发掘出自身的一些未被满足的需求，再从市场的角度考虑该需求。然而，通过这些方式产生的创业项目存在许多局限性。大数据的来临可以帮助我们发掘一些创业项目，弥补传统方式的局限性。因为大数据可以将市场上各行各业的参与者产生的行为数据融合到一起，这些庞大的数据为我们提供了很多信息，需要我们通过大数据技术将数据背后的商业价值挖掘出来。因此，本节对数据背后蕴含的商业价值以及在数据挖掘过程中遇到的问题及应对措施进行介绍。

5.1.1　数据的商业价值

　　学界与产业界普遍认同大数据蕴含了大量的商业价值，那么大数据背后的商业价值主要有哪些呢？首先，大数据的商业价值体现为对客户的个性化精准推荐。现如今，根据客户的喜好推荐各类业务或者应用已十分常见，比如应用商店软件推荐、视频节目推荐等，都是通过关联算法、文本摘要抽取、情感分析等智能分析算法实现的。利用数据挖掘技术帮助企业对客户进行精准营销，也有利于留住客户，提高自身竞争力。例如，客户想要购买一件风衣，如果客户在做出最终购买决定之前，喜欢浏览这件衣服的参数（长度、材质等）、卖家的实物展示图、买家的评论等，那么商家就可以根据客户的喜好，给他推荐类似风格的衣服。同时，从该客户的搜索行为和浏览行为也可以看出，客户更加青睐商品信息完整以及有产品评论的产品，因此商家也可以在这一方面针对客户的偏好进行改进。

　　大数据的商业价值体现为可以对客户群体进行细分。由于客户在年龄、性别和偏好等方面存在差异，客户需求具有异质性。因此，通过对客户的行为数据进行分析，可以帮助企业对客户进行细分，并提供相应的产品、服务及销售模式。这对于资源有限的企业非常重要，能够帮企业进行有效的市场竞争，辨别出哪些是企业最有价值的客户，哪些是企业的忠诚客户，哪些是企业的潜在客户，等等。例如，航空公司可以根据客户长期的订单，分析出客户是如何做出购买决策的。航空公司可以通过客户经常购买的机票舱位/价位、预订机票的时间、旅游时间以及目的地等信息将客户进行细分，进一步了解不同客户群体的需求。如果客户注重便捷，那么他不会考虑过早或者过晚的起飞时间，也不会考虑中转时间太长的航程，对于这类客户，价格不是他们考虑的首要因素；有些客户则是价格导向型，如假期旅游的大学生群体，价格是他们考虑的重要因素。因此，如果航空公司能将这类信息挖掘出来，就可以对客户进行精准定位，并向他们推送对应的消息，从而有效地满足他们的需求。

　　大数据的商业价值也体现为可以更好地管理客户关系。一般来说，客户在购买完成后存在一个反馈行为，最直接的表现就是电商平台上的产品评论。商家可以通过大数据技术获取客户反馈中的情绪或主题以及相关的意见和建议，进一步了解客户的真实需求，以更好地管理客户关系。例如，电商平台上的一些商品评论数据，包括评论文字，是否附带图片，评论发布时间等信息可以通过大数据技术获取，再通过进一步分析，就能从中获取客户的真实诉求。

　　大数据的商业价值还体现为数据存储空间的出租。大数据时代，企业和个人都有海量的信息存储需求，妥善存储数据是进一步挖掘其潜在价值的前提。目前这块业务可以分为两类：第一类是个人文件的存储，第二类是针对企业用户的数据存储。目前已有多家公司推出了相应的服务，用户可以将各种数据对象存储在云端，按照用量进行收费。

　　上述所提到的大数据的商业价值中，涉及个性推荐、客户细分等方面的应用。除此之外，大数据还可以用于对用户行为的预测。例如，近年来，互联网的发展逐渐渗入经济金融行业，加之国家对中小企业融资的支持，促进了民间小额借贷的发展，普惠金融发展迅速。然而，随着网贷平台数量的爆发式增长，借款人未按时足额还清借款的现象频发，极大地违背了国家鼓励普惠金融发展的初衷，也损害了贷款人的利益。究其根本原因，是金融机构或网贷平台缺乏对借款人的信用评估。如今，借助大数据，通过分析借款人的借款次数、守信次数、学历信息、名下资产状况等，可以预测借款人的还款能力，从而为金融机构或网贷平台提供评判标准，可以有效降低借款风险，推动普惠金融的健康发展。

5.1.2　数据价值挖掘难点及应对

如上所述，数据背后商业价值的挖掘非常重要，但在开展数据挖掘的过程中，还存在许多难点。第一个难点是数据形式多样，数据处理流程复杂。数据可以分为结构化数据、半结构化数据和非结构化数据三类（马建光等，2013），其中，最难处理的是非结构化数据，因为这类数据缺乏统一的结构限制，表达同样的含义可以使用不同的叙述/表达方式。例如，可以通过文本、图像、声音、影视、超媒体等方式来表达。此外，处理高维数据也是数据挖掘的难点。第二个难点是成本高昂，尤其针对中小企业。在数据量非常大的情况下，对中小企业的资金、设备、人才都提出了新的考验，中小企业一般承受不了数据挖掘的巨大成本。

在第五届 IEEE 数据挖掘国际会议（ICDM 2005）前夕，一些数据挖掘方向的顶级专家各自罗列出自己认为的该研究领域中存在的十大挑战性问题，最后进行讨论总结后得出以下十大挑战性问题（吴信东等，2008）。第一，数据挖掘还没有形成统一的理论，由于数据挖掘一开始是企业为了应对和解决问题而产生的，没有形成统一的理论；第二，高维数据和高速数据流同比例扩大，对数据挖掘技术的要求进一步提高；第三，在挖掘时序数据时需要消除噪声，在进行趋势预测时才能准确而高效；第四，将复杂的知识从复杂的数据中挖掘出来，例如图片、网页、社交网络数据等，将数据挖掘与知识推理相结合；第五，挖掘社交网络、计算机网络中的数据包；第六，分布式与多主体的数据挖掘；第七，关于生物和环境问题的数据挖掘，例如 3D 结构数据中的 DNA 等化学结构；第八，数据挖掘过程中存在的数据挖掘操作组合、数据挖掘过程自动化实现、数据挖掘可视化等问题的解决；第九，数据挖掘中的安全和隐私保护问题以及数据完整性；第十，如何更好地处理非静态的、不平衡的以及敏感的数据。

目前，数据挖掘领域已发展出一套成熟的技术方法，在此过程中，相关学者也在不断改进相关的技术，上述提到的十大挑战性问题也在被逐步解决。对互联网企业而言，具有扎实数据挖掘基础的员工将成为长期需

求，高校应更加注重培养数据挖掘领域的人才，不断改进教学课程、培养方式等，以培养出符合企业需求的数据挖掘领域的人才。

5.2 数据驱动下的创新创业

5.2.1 数据驱动下的创新创业的内涵与特征

（1）创新创业的概念

2014 年，在第九届夏季沃斯论坛上，李克强总理第一次提出：要借助改革创新的东风，在中国的大地上掀起大众创业、草根创业的浪潮[①]。2015 年，在政府工作报告[②]中，李克强总理又提出了"大众创业、万众创新"，鼓励大家积极投身于创新创业事业中。自此以后，创新创业的热潮在全国范围内掀起。随后，中央政府出台了一系列文件，地方政府在贯彻落实中央指示的情况下，结合当地的实际情况，推出大量扶持政策以鼓励创新创业。那么，创新与创业的具体内涵是什么？这两者之间又是什么关系呢？

从广义上说，创新存在于人类生活的各方面，具体指的是在各种实践活动中，运用自身的知识储备，转换思维，提出异于常人的、具有各种价值（社会价值、经济价值等）的想法。要想实现创新，必须具备一定的能力，包括敏锐的洞察能力、较强的实践能力以及预知未来的能力等。创新是继往开来，既要批判地对待旧事物，又要批判地把过去和未来一起熔铸到现在。创新无处不在、无时不有。创新不仅仅局限于发明电灯这样重大的发明创造，还可以是菜刀上加孔减少压强这样的小的发明创造。只要能够解决问题，不管大小，无论什么形式，都属于创新。因此，在这个大众创业、万众创新的时代，只要掌握了一定的专业知识，积极进取，敢于实践，充分发挥自己的主观能动性，普通人也能成为创新的主角。在大数据背景下，创新需要我们运用大数据的相关技术挖掘知识，进而发现相关的规律，最后达到预测未来的效果。

---

① 中国政府网. 李克强：掀起大众创业、草根创业的新浪潮［EB/OL］. http：//www. gov. cn/guowuyuan/2014-09/10/content_2748476. htm，2014.

② 中国网 . 2015 年政府工作报告（全文）［EB/OL］. http：//www. china. com. cn/lianghui/news/2019-02/28/content_74505893. shtml，2015.

从狭义上说，创新是一个过程，包括新思想的产生、产品的设计、产品的试制、产品的生产、产品的销售以及产品的市场化等。"创新理论"是由熊彼特于 1912 年首次提出的，他认为，创新是指创新者将现有的资源进行不同形式的组合，从而创造新价值的一个过程(熊彼特等，2012)。熊彼特将创新分为五种形式：新产品开发、新技术引进、新市场开辟、发现原材料来源渠道以及实现新的组织管理模式(代明等，2012)。随后，德鲁克将创新引入管理，强调了创新在组织管理中的重要性。

创新过程可以认为是通过发现顾客的潜在需求，为顾客提供新的产品或者服务，从而解决顾客的痛点，为顾客创造新的价值的一个过程(罗洪云、张庆普，2015)。创新包括技术上的突破，并将其运用于商业。

创业就是将创新的思维运用在某一产业或者某一领域中，开创新的局面。创新是推动创业活动的主要动力。从广义上说，创业指的是人类实践活动中带有开拓性的、创新的、对社会有积极意义的活动，包括政治、经济、文化、科学、军事、教育等领域；从狭义上说，创业也叫自主创业，是指成立企业，利用资本、人力等来创造价值，最终通过产品或者服务的形式呈现(葛宝山等，2011)。消费者可以从产品和服务中获得效用，而企业通过出售产品和服务获得利润从而实现自身的发展。本章所说的创业指的是狭义上的创业。

创业是一个不断调整的动态过程，其中，商业机会、现有资源和创业团队是创业成功的关键(Timmons et al.，1990)。创业过程的动态模型如图5-1所示。其中，开发商业机会是主动、持续的过程，机会是创造出来的，而不是找到的，这对企业的形成至关重要(Ardichvili et al.，2003)。企业现有的资源对创业活动起支撑作用，创业者要充分利用手边的资源实现有效的拼凑，并将其应用于新的问题和机遇(Baker et al.，2005)。对于初创企业来说，创业团队是其必要组成部分。在创业过程的动态模型中，商业机会、现有资源和创业团队构成一个倒三角形。创业初期，商业机会较多，而企业能够获得的资源较少，三角形会向左倾斜；随着企业的逐渐发展，企业的现有资源较多，而商业机会较少，三角形会向右倾斜。因此，创业团队要做的就是敏锐地发现商机，并将现有资源进行合理运用，实现企业发展的均衡状态(林嵩等，2004)。

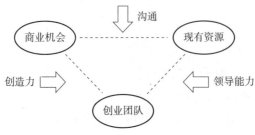

图 5-1　创业过程的动态模型

资料来源：林嵩等，2004。

（2）大数据时代的创新创业特征

从古至今，人类社会的每一次社会大分工都存在重大的技术突破。例如，第一次工业革命之后，大量的机器开始出现在企业的生产车间，从而解放了人类的双手，实现了大规模生产。同样地，在如今这个数字经济时代，大数据、云计算等高新技术的不断普及，使人们的生活变得更加便利。

大数据时代的创新创业最明显的特征是微创新。微创新最早来源于乔布斯提出的"微小的创新可以改变世界"。在中国，微创新这一概念是由周鸿祎提出的，他认为：微创新是与用户体验相关的创新，这决定了互联网的应用是不是受欢迎（周青等，2019）。

微创新包含两个方面的含义：一是从细节出发，紧随用户需求；二是不断微调，进行试错。大数据的应用依靠大数据分析技术和产品的研发，满足微创新的条件（徐德力，2013）。在这个信息时代，大数据的来源渠道有很多，数据也十分丰富。而且，相比其他资源，大数据资源更易于获取，也可以无限次使用。大数据时代创新的关键在于能够发现机会，并利用获取的数据资源进行微创新。

微创新是一种典型的在应用方面的创新，是一种以客户为导向，深度挖掘客户消费体验的一种模式（李文博，2015）。在现实生活中，企业通过敏锐的洞察力发现自身发展所需要的资源，并通过微创新利用资源实现经济增长，进而提高企业的核心竞争力。微创新主要围绕用户，强调互联网思维（胡海波等，2018）。

5.2.2　数据驱动下的创新创业现状

数据在生产发展中扮演着越来越重要的角色，云计算的公共计算基础作用使得数据的开发和流动以及共享成为可能，而数据的融合又会激发新的生产力。相比以往的时代，大数据时代的创新创业存在更多的发展机会。但是，大数据时代的创新创业仍然面临一系列挑战。主要有以下几点：

①行业间的数据流动性不足，数据的收集存在壁垒，企业能够获取的数据与自身需要的数据未必是匹配的。

②数据积累使数据量越来越大，这使得企业受到网络攻击的概率大大增大，数据安全成为隐患。数据的安全问题会大大增加企业的信息管理成本。

③与大数据相关的人才比较紧缺。大数据产业竞争的核心是大数据人才的竞争。目前，国内与大数据相关的人才（比如数据科学家、数据分析师等）比较紧缺，可以通过校企合作的模式对这类人才进行培育。

④获得投资的难度较大。大数据在商业应用中的成功案例并不多。因此，对于投资者来说，由于存在大量的不确定性，投资的风险很大，所以大多数投资者对于大数据项目还处于一种观望的态度，从而导致大数据创新创业项目获得投资的难度较大。

5.2.3　数据驱动下的创新创业机会

未来产品和服务的竞争趋势将会是专业化和差异化的竞争，而大数据时代的微创新能够适应这种竞争趋势。在大数据时代，寻找创业机会的过程中，最关键的是数据的收集与分析。通过对数据的分析，寻找潜在机会与未来的发展方向。大数据具有种类繁多、数量巨大、获取速度迅速等特点，传统的数据分析软件已经不能满足大数据的需求（李冰，2020）。大数据时代的创业主要利用云计算、物联网等平台，对数据进行分析处理，通过云计算更快地分析出结果。

大数据时代的到来，改变了传统的创业模式。创业者们可以通过数据的分布规律，发现新的创业视角。大数据时代也带来了很多创业机会，具体如下。

（1）提供大数据服务

传统的行业在其发展过程中存在很多痛点，比如创新力问题、经营类问题以及管理类问题等。通过大数据的相关技术来辅助传统企业解决这些问题，将会是大数据时代一个比较重要的创业机会。

（2）以大数据为依托做行业服务

利用大数据的相关技术从事传统行业的各种服务将会是大数据时代的另一个创业机会，比如商业咨询服务、发展规划服务等。从事这一类服务要了解一定的行业背景，能够站在行业发展的角度应用大数据技术。

（3）做大数据相关产业的配套服务

大数据与云计算、物联网和人工智能等技术是相辅相成的。对一些传统行业来说，物联网建设往往是建设大数据应用生态的前提条件，因此，做大数据配套服务也是一个比较有前景的创业机会。

大数据技术的应用将对整个社会产生巨大影响。因此，在大数据时代，提供大数据服务、以大数据为依托做行业服务以及做大数据相关产业的配套服务都是很有前景的创业机会。

5.2.4 案例分析：数据驱动下的智能养猪

在数字经济时代，从衣食住行，到科学研究与企业活动，大数据无处不在。但是，在农业领域的某些产业中，大数据的应用不太常见。实际上，这些领域更需要引进这类技术。比如在养猪业，目前普遍存在效率低、环节多等一系列问题，导致养猪的成本偏高。大数据正是高效率、低成本的代名词，那么，将前沿的大数据技术应用于"落后"的养猪业，会擦出怎样灿烂的火花呢？我们将大数据相关技术应用于养猪管理的这一过程称为智能养猪。智能养猪就是将一些新兴的技术运用在养猪的各种场景中，实现科学养猪、高效养猪（王金环等，2018），主要应用场景及技术实现如图5-2所示。

大数据走进养殖户的世界里，可以帮助养殖户降低生产成本、采购成本、融资成本等，提高整个养猪行业的生产效率，使养殖户在大数据的技术中不断受益。

（1）降低养殖户的生产成本

大数据相关技术的应用可以从三个方面降低养殖户的成本：一是提高猪场的生产效率；二是提高猪的疾病防治效率；三是提高对未来猪的价格的预测能力。

提高猪场生产效率的前提是要了解目前猪场管理中存在的问题。通过收集猪场管理产生的数据，使用合适的方法对数据进行对比与分析，可以客观地发现问题所在，进而对养猪管理过程提供指导。具体来说，运用物

联网、人工智能等技术，对猪场管理数据进行收集、处理与分析，找出猪
场存在的问题。同时，根据全国猪场的样本，将猪场体检报告与行业数据
进行对比分析，让养殖户了解自己的猪场和养殖水平高的猪场的差距，以
及需要改进的方面。进而根据养殖户的需求，给出相应的解决方案，以提
高猪场生产效率，进而降低成本。此外，可以利用专业的数据库、音频、
视频等形式推广猪场经营管理、养殖技术等专业养殖知识，为养殖户提供
便捷的学习平台，帮助养殖户提高猪场经营管理水平和养殖技能(冯丽丽
等，2020)。

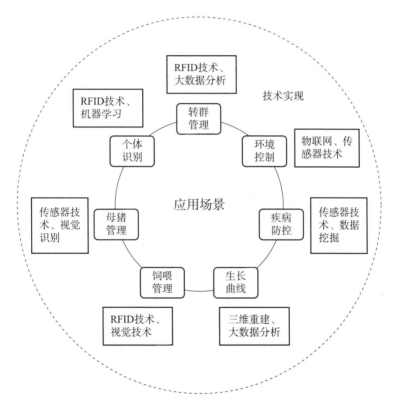

图 5-2　智能养猪的主要应用场景与技术实现(王金环等，2018)

　　在养殖环节，疾病的防治对养殖场至关重要。养殖平台为养殖户提供
远程猪病防治服务，如猪病预警、猪病远程自动诊断、检测平台等。猪病
预警系统在综合分析平台上所有猪场养殖过程中的饲喂、用药、免疫程
序、环境变化等生产数据的基础上，结合疫病流行病学特征，向养殖户提
出针对性的防控措施。养殖平台通过整合分析猪病大数据，利用建模技

术，建立猪病临床症状和病理变化图谱库，以便养殖户诊断。检测平台整合了权威的畜禽疫病检测实验室资源，猪场一旦暴发疾病，就能够及时进行检测，最大限度减少疾病带来的损失。

采用大数据技术一键识别猪病，提高猪病的防治效率。猪场疾病的传播总是让猪场场长始料不及，原本以为猪只是简单的发烧感冒，最后有可能全群感染，而这些都是由猪病诊治不当造成的，给猪场造成巨大经济损失。猪病通软件通过海量的猪病大数据收集与分析，建立了猪病自动识别系统，养殖户仅需上传一张发病猪只的照片，猪病通会与数据系统中的猪病进行对比分析，自动进行猪病的识别，给养殖户提供合理的治疗方案，使猪场疾病防治更加方便、快捷。养殖户快速了解猪只具体罹患哪些猪病，快速运用猪病通所给出的解决方案，针对该病展开治疗，做好生物安全措施，以防向其他栋舍传播，造成重大经济损失，增加养猪成本。

通过大数据提前预测猪价，养殖户可以及时调整存栏结构。通过国家生猪市场，收集猪场交易大数据，结合能繁母猪存栏、生猪存栏、仔猪存栏的变化，建立相应的算法模型，可以实现对后期猪价的预测，形成生猪价格指数，为养殖户后期存栏结构的调整做参考。猪价上涨，养殖户可以及时增加存栏，提高收益；猪价下跌，养殖户可以降低存栏，减少亏损。

（2）降低养殖户的采购成本

通过对生产大数据、消费大数据的收集，可以帮助养殖户降低生产资料的采购成本。通过汇总、分析不同猪场的生产数据，使猪联网能够充分了解不同猪场的不同需求，针对不同类型的猪场，根据饲料成本、管理水平、消费习惯等，个性化推荐合适的产品，对于需求量大的产品，农信商城会组织集采，这种类似于团购的采购方式可以增加养殖户的议价能力，降低养殖户的生产成本。

交易环节对整个生猪产业具有重要意义。养殖户可以在商城采购所需的物资，避免过度购买，造成浪费，有效地降低了成本。商城上供应饲料、兽药、疫苗及养殖设备等猪场所需生产资料，利于平台收集大数据，选择的产品不仅质量有保障，而且价格相对低廉。在交易生猪环节，养殖户可以根据市场发布的行业数据，合理安排养殖数量并制订出栏计划，最大限度减小因信息不公开导致的养殖计划不合理，从而避免养殖户的经济损失。通过互联网平台，整合生猪交易的数据，并公开货源和价格等信息，有助于降低交易成本、提高交易效率。

（3）降低养殖户的融资成本

大数据可以为养殖户的金融服务提供平台，降低猪场的融资成本，使生产水平高的猪场能够得到更好的金融服务。按照数据分析结果，将猪场细分为若干类型，换算成信誉度，也就是农信度。有信誉度就能直接贷款，且利率低、申请简单、智能授信、场景化支付，减少了猪场由于征信缺失造成的贷款难问题，降低了猪场的融资成本。

大数据不仅能够帮助单个猪场提高生产效率，降低生产成本，还能够改变整个生猪产业生产，使整个生猪产业从多环节、低效率、高成本的现状中脱离出来，走向少环节、高效率、低成本。随着共享经济的到来，全国养殖户进行数据资源共享，大数据通过对这些数据的汇总分析，反过来指导养猪生产，为整个行业进步提供助力。随着猪联网相关功能的不断更新，大数据技术会更多地应用于养猪业，在提高养猪生产效率、降低成本上，也会走得更远。

5.3　数据驱动下的技术创新

5.3.1　数据驱动下的技术创新的内涵与类型

技术创新，顾名思义，指在技术上的创新。开发一项新的技术或者在已有技术上的改进都属于技术创新。通过技术创新，企业可以形成自身的竞争优势。1999 年 8 月，中共中央国务院《关于加强技术创新，发展高科技，实现产业化的决定》中提道：技术创新指的是企业应用新的技术、新的工艺流程以及采用新的生产模式、新的管理方式等实现新产品、服务的开发或者产品、服务质量的提高，从而为客户提供新的价值。

技术创新不同于产品创新，它们既有区别，又有联系，如图 5-3 所示。

企业的一切生产经营活动都离不开管理，技术创新管理是对企业技术创新的管理过程（雷家等，2013）。研究企业的技术创新管理，最重要的是盘点企业的有限资源，研究如何将这些资源进行有效整合，在加入技术创新内容的同时，实现企业的效益最大化。技术创新最终以市场的成功实现为特征，创造出新产品并商业化是技术创新的最高层次。技术创新的分类有很多，具有代表性的是基于技术创新对象、技术创新源和技术创新的新颖程度来划分（雷家等，2013），具体如图 5-4 所示。

产品创新	技术创新
· 产品创新侧重于商业和设计行为，具有成果的特征，因而具有更外在的表现 · 产品创新可能包含技术创新的成分，还可能包含商业创新和设计创新的成分 · 新的产品构想，往往需要新的技术才能实现	· 技术创新可能并不会带来产品的改变，而仅仅带来成本的降低、效率的提高，例如改善生产工艺、优化作业过程从而减少资源消费、能源消耗、人工耗费或者提高作业速度 · 技术创新具有过程的特征，往往表现得更加内在 · 新技术的诞生，往往可以带来全新的产品，技术研发往往对应于产品或者着眼于产品创新

图 5-3 技术创新与产品创新的区别与联系

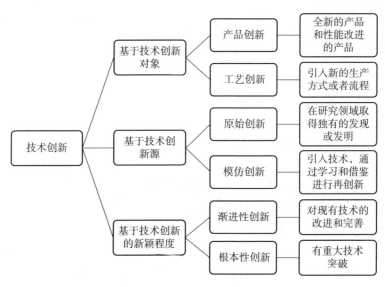

图 5-4 技术创新的类型

5.3.2 数据驱动下的企业商业模式的技术创新

（1）颠覆传统意义上的金融业务模式创新

大型电商平台通常拥有多个交易平台，包括支付平台、购物平台和金融业务平台等，积累了大量的用户数据。基于用户行为和用户信用数据，此类电商平台搭建的金融业务平台可以利用数据模型和用户信用体系，评估中小企业及初创企业信用级别，这使得初创企业可以在没有抵押物品或者担保的情况下，获得一定数量的信用贷款。这一模式打破了传统的借贷模式，有助于初创企业获得所需要的资金。

（2）转变传统制造业的生产模式

传统的制造业是生产导向，即企业能生产什么，就生产什么；企业生产什么，就销售什么。这种模式易造成供给和需求的不匹配，最终导致企业商品滞销的同时，用户的需求得不到满足。随着数字经济时代的到来，企业变得越来越信息化，逐渐积累了丰富的用户数据。如何利用积累的数据挖掘有用的信息，并且通过这些信息更好地掌握客户的偏好，成为企业需要解决的一个重要问题。作为制造企业，要转变思维模式，在生产过程中，要完成以生产为中心到以客户为中心的转变。例如，企业可以通过各种渠道（如商品评论）获得用户对某一产品的反馈数据，利用文本数据挖掘技术，对数据进行分析，从而了解客户的行为和偏好，及时设计并生产出相应的产品，以满足客户的需求。

（3）行业的聚合与无界新趋势

大数据技术弱化了部门之间、企业之间以及行业之间的边界。这一特点使得企业的管理层次变得越来越扁平，颠覆了传统的自上而下的经营模式。随着大数据、云计算、物联网等技术的迅速发展，融合成为必然的趋势，这种趋势使传统的很多边界变得模糊。对企业来说，融合具有极其重大的意义。通过各种资源的融合，企业可以提升产品和服务的质量，提升客户的体验，从而吸引更多客户，形成自身的竞争优势。此外，融合也给提供信息技术服务的企业以及软件开发企业带来了很多机遇，例如，由于市场环境发生变化，传统的企业需要引入新兴技术来实现企业的转型，但是大多数企业自身没有研发能力，在这种情况下，与提供技术的企业合作无疑是一个实现双赢的模式。

（4）实时商务智能

传统的商务分析是对历史数据、过去的信息进行分析，例如，企业在年底对各种财务报表的分析。这种模式的主要问题是分析结果具有滞后性，不能及时地找出前期存在的问题并及时采取相应的解决措施。而大数据时代的商务智能分析具有实时性，可以实时掌握现阶段的各种信息，并实时呈现分析结果。比如，销售部门可以利用大数据智能商务分析系统，与客户进行实时的信息交流，从而提供定制化服务，实现精准营销；通过智能商务分析系统，还可以为企业提供实时的分析报告，有利于企业发现

新的商业机会。

（5）大数据驱动高级分析与预测决策

通过数据挖掘并对数据的发展趋势进行预测，可以获得企业数据的价值。通过对数据的实时分析，可以随时随地向企业提供信息，将企业的数据变成企业的信息资源。企业可以通过建立预测模型，利用积累的数据进行科学预测，充分挖掘企业的竞争优势，为企业的发展提供方向（李艳玲，2014）。利用数据分析的结果，可以更好地把握客户的特定需求，进而实现精准推荐。例如，服务型企业可以利用大数据技术对用户的相关评论进行主题提取和情感分析，了解用户最关心的内容，以及对现有服务的情感倾向，并有针对性地对现有服务进行改进，为顾客提供更高质量的服务。

5.3.3 数据驱动下的企业技术创新的管理要素

（1）研发模式

在大数据时代，企业要想实现技术创新，就要不断地进行研发投入。研发的主要任务是知识的应用和创造。从经济学的角度来看，研发就是知识投入与产出的过程（丁雪辰等，2018）。具体到一个项目包括以下几个流程，如图5-5所示。其中，评价与决策环节的主要作用是预见研发项目实施后可能会遇到的问题，进而判断项目是否能够经过所有阶段并获得成功。

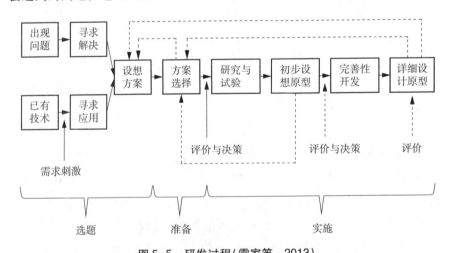

图5-5 研发过程（雷家等，2013）

从研发主体和技术来看，有以下三种研发模式，如表5-1所示。企业要根据自身的实际情况选择合适的研发模式。

表 5-1 研发模式

研发模式	自主研发	合作研发	委托研发
优点	企业可以形成独特的技术或产品,在市场上拥有很强的竞争力,对未来技术的发展有很大的支持作用	可以迅速提高公司的技术能力,可以分散风险,并在短期内取得经济效果	不需要公司投入太多的精力
缺点	资金负担大,必须投入大量的技术人员	存在冲突、技术不相容和诚信等问题	不能提高本公司的技术创新能力
商业化速度	商业化速度较慢	商业化速度较快	依靠有研发优势的机构开发技术,商业化速度较快
所需资金	需要投入研究经费、人员费、材料费、实验设备费等	与合作单位共同出资	交付给对方研发费用

（2）人力资源管理

人才的竞争是企业竞争的核心所在。企业若想实现技术创新,就必须及时更新人力资源管理方式。优秀的人力资源配置可以营造良好的企业氛围,有利于企业的迅速发展。如果企业依旧使用传统的人力资源管理方式及落后的人力资源管理思维,则必定会阻碍企业技术创新的推进(胡晓惠,2017)。

在大数据时代,信息技术的广泛应用加快了人才培养的速度。线上招聘平台为企业人才的选择提供了更多途径。大数据技术的运用促进了企业对人才的培训和管理,但是这也使企业之间的人才竞争变得更加激烈。大数据背景下的企业人力资源管理要更注重包容性和开放性。要结合信息技术,不要被传统的管理模式约束,鼓励企业员工利用大数据平台进行沟通与交流。在网络技术支撑的基础上,开展人力资源的相关活动,比如招聘、培训和绩效管理。企业领导要有长远的眼光,在管理模式上努力实现人力资源的优化配置(李宏伟,2017)。具体可以从以下两个方面入手:

第一,建立科学的人力资源管理体系。从宏观角度出发,企业的人力资源体系对企业的发展具有指导性作用;从微观的角度看,企业的人力资源体系对企业内部的科学管理有重要的影响。因此,企业要结合大数据环境,在确定企业发展目标的前提下,做好人力资源的详细规划。具体来说,需要基于企业自身的实际情况来制定发展策略,将人力资源部门放在比较重要的位置,进行系统的管理。

第二，实现信息化的创新。企业可以运用大数据相关技术建立人力资源信息系统，实现信息与管理技术的统一。同时，通过该平台，对管理的内容、流程和结果进行相应的诠释，为企业的战略决策提供支持。

信息化的创新管理方式主要体现在四个方面：人才招聘、员工培训、员工关系以及绩效管理。在大数据时代，企业要充分利用信息技术，通过网站、微信以及手机招聘类 App 发布招聘信息，快速匹配合适的员工；员工的培训是根据人力资源的规划与具体要求，采用学分制，实现员工培训内容的信息化。企业可以对员工进行定期考核，以提高员工的专业知识；员工关系需要大数据作为媒介，将工作技术、工作内容与企业制度进行有机结合，人力资源管理部门应该根据员工的意见及时给予反馈；绩效考核管理的信息化，可以增加员工对企业的认同感，企业根据大数据绩效考核软件，提高员工考核的质量与水平。

综上，大数据时代下的企业人力资源管理方式需要做出改变，及时更新管理者的思维方式，建立科学的人力资源管理机制，才能适应市场竞争环境，推进企业技术创新发展。

(3) 培育数据文化

企业要想实现技术创新，就必须在企业中培育数据文化。通过培育数据文化可以增强成员对大数据应用的信心。具体可以从以下两个方面入手：

首先，要遵守良好的数据治理原则。良好的数据治理是企业数据文化的有效推动力，同时也是企业推行数据文化的理想结果。数据治理不仅是脱离现实的纯理论的内容，更应该是结合企业的实际情况，扎根于企业数据文化的具有现实意义的内容。企业推行良好的数据治理原则，不仅有利于企业数据质量的保障，还有利于企业总体数据意识的提高，进而增强企业员工对数据文化的认同感。

其次，要努力打破信息孤岛现象。要想实现数据的资本化，首先要使数据打破其受限制的存储库。努力弱化组织和技术之间的壁垒，实现跨部门、跨企业甚至是跨行业的数据无障碍交流。如果数据的流动受到阻碍，部门之间、企业战略伙伴之间会存在信息不对称的现象，从而降低经营的效率，不利于企业的发展。

对于企业战略合作伙伴而言，只有在资源(包括企业掌握的数据和信息)共享的情况下，企业之间才能实现整体效益最大化。因此，必须在企业中不断推崇这一概念，并将其深深根植于企业员工的思想中。企业管理层要充分重视数据文化对企业数据战略的影响。如果企业员工对公司数据化存在抵触思想，那么无论企业高层如何努力，都无济于事。因此，企业可以通过培养数据文化，让员工慢慢地从心底接收数据在企业经营过程中的运用，进而向企业引入完善数据管理流程（毛伟，2020），推进企业技术创新的发展。

5.3.4　案例分析：数据驱动生鲜农产品供应链模式创新

我国生鲜农产品供应链涉及的流通环节有很多，存在"全国产销全国"的市场特点。但是，由于我国冷链物流还不够完善，流通环节损耗率较高。此外，多级供应链现象使得市场信息流通不畅，导致农产品出现一边供过于求、一边供不应求的不均衡现象（刘阳阳，2020）。到目前为止，传统生鲜农产品的供应模式大致可分为以下四类：批发市场模式、连锁商超模式、电商直播模式以及社区团购模式。

批发市场模式。受到历史的影响，我国农产品仍有很大一部分通过批发实现市场流通。目前，我国批发市场中的批发商多以个体形式存在，仅依靠自身的议价能力进行采购和销售。在该模式下，存在信息不对称现象，个体批发商不能及时掌握某些市场信息，导致与市场严重脱节。

连锁商超模式就是以社区为单位的连锁超市对农产品进行统一采购和稳定销售的一种模式。这一模式的风险主要在于采购的频率和库存的控制。

电商直播平台的崛起，在省略批发环节的同时，也使商品的流通变得更加流畅，商品价格更加透明，有利于农户实现自产自销。在这一模式下，通过电商平台发布的产品信息真假难辨，产品的质量很难得到保障，加上物流的不确定性，对生鲜产品来说是一个极大的挑战。这一系列的问题使得电商直播模式的成本变得很高。

社区团购模式。近年来，随着互联网的不断发展及微信的快速普及，朋友圈和微信群的影响力变得越来越大，先预订后采摘的社区团购模式受到大家的青睐。和上述提到的电商直播模式类似，这种模式下，产品质量很难得到保障，物流服务具有不确定性。

综上所述，虽然传统的生鲜农产品供应模式有很多，但是，每种模式都存在一些问题。在大数据的支持下，供应链上的相关企业依托云计算、物联网等网络技术构建信息共享平台。这有利于其他企业完成采购、销售、物流和金融等一系列服务，降低生鲜农产品供应链上的风险，有利于

提高效率和降低成本。大数据驱动核心企业以供应链平台为基础,具体如图5-6所示。通过与零售商和供给商的集合体对接,帮助他们挖掘客户的需求,并利用平台协同物流运作,实现对客户的定制化服务。这种模式的创新点在于,整个供应链呈网状结构,可以有效地解决服务质量、速度以及成本之间的矛盾。同时也降低了供应链运作的成本,提高了供应链的反应速度,从而满足了客户需求的多样性。

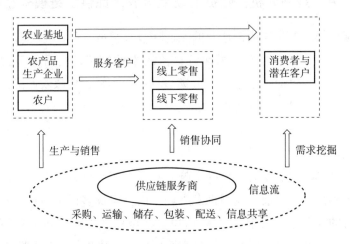

图5-6 大数据下生鲜农产品供应链模式(刘阳阳,2020)

大数据背景下的生鲜农产品供应链主要有以下特点:第一,大数据背景下的生鲜农产品供应链拥有供应链云平台,可以对接多种商业模式(B2B、B2C、C2C),能够实现资源的有效整合、追溯物流、对质量进行有效把控以及实现商品的产销对接等;第二,大数据背景下的生鲜农产品供应链有效融合了"新零售+供应链",通过线上平台和线下店面,实现了线上线下的双向引流;第三,大数据背景下的生鲜农产品供应链打造了供应链金融圈,这种模式以企业合作为基础,利用大数据相关技术构建农产品供应链金融服务,实现供应链各个环节的效益共享。

数据驱动下的生鲜农产品供应链创新的核心价值在于以下三点:一是渠道销售业务数字化管理;二是全渠道协同零售;三是业务的处理完全实现数字化和智能化。大数据相关技术可以辐射到更多的小平台,从而为更多生产商和中间商提供一些创业机会。例如,某知名生鲜平台,其背后的供应链包括原材料供应、物流等一整套供应链服务。

从产品的生产、销售以及运输,到产品的仓储和装卸,再到产品的包装和流通加工等，这些基础环节的技术运用，是数据驱动下的生鲜农产品供应平台的关键。将大数据相关技术运用于上述基础环节，能够挖掘更多的信息，在降低成本的同时又提高了效率，实现了资源的有效配置。大数据背景下的生鲜农产品供应链平台的运作流程分为末端需求、生产供应、物流协同以及数据处理四个部分，具体如图5-7所示。

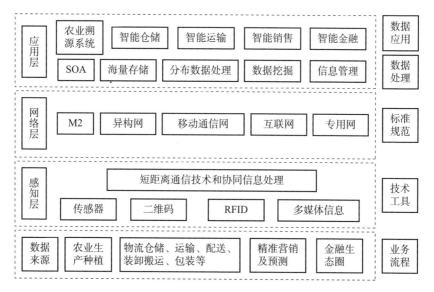

图5-7　大数据下生鲜农产品供应链平台的运作流程

资料来源：（刘阳阳，2020）

注：①SOA 指面向服务架构。

　　②广义货币。

（1）末端需求

传统的生鲜农产品供应链模式下，企业之间各自为政，较少考虑长期利益，很难实现战略合作或者信息共享。这种模式下，供应链中各级的需求很难实现准确预测，从而很容易产生供需两端不均衡的现象。大数据诞生以来，企业主要利用大数据的相关技术分析业务数据进而得知哪些业务比较有前景。随着大数据技术的不断应用，企业可以通过分析用户产生的海量的行为数据，深度挖掘用户的需求，了解用户的偏好，及时地向用户推荐他们感兴趣的商品，从而有利于企业实现精准营销。

（2）生产供应

基于大数据的相关技术，数据成为生鲜农产品供应链的一种十分重要

的、新的资源。通过对这些数据的不断深入挖掘和处理，可以帮助生产者优化生产计划，也可以作为农户根据销量确定产量的依据。

根据不同市场的不同产品需求，利用大数据相关技术，选择合适的时间、合适的地点，对农产品生产过程进行精细化把控。此外，通过采集生态环境、种植数据、生产数据等对顾客的需求进行精准匹配，从而实现供求均衡。运用大数据相关技术可以合理配置土地、资本、劳动等生产要素以实现精准生产。在产品质量把控上，通过大数据相关技术，可以实现对局部进行气候预报，对土壤进行各项指标的检测以及预测病虫害等功能，从而保障农产品生产过程的安全性。

（3）物流协同

据统计，全国生鲜农产品在物流过程中的损耗超过10%，一些偏远山区的物流损耗率甚至高达55%。物流作为贯穿整条供应链的重要因素之一，具有环节多、管理复杂和重复作业多等特点。运用大数据相关技术对物流环节进行监测，并且及时进行信息反馈，可以更好地控制物流过程中产生的风险。智能运输是利用车载设备、RFID、手机终端，对接GPS、地理信息系统（GIS），自动采集和传输运输数据，对运输任务、货主及司机进行准确的画像，从而实现精确运输计划、智能化定价、快速结算、车货匹配、避免空驶、质量安全监控等运输作业的智能管控。

大数据技术使配送变得更加精确合理。通过感知节点实时捕获交通条件、地理位置、客户数量、客户分布、客户订单、资金收支、营销管理、计价方案、配送员等各环节的数据信息，从而不断优化配送方案，实现动态配送。

智能仓储是根据销售计划、生产计划和采购计划的相关数据而进行的库存控制，智慧仓储运用自动分拣系统和智能化信息技术，自动采集和传输商品出入库的物流信息，安排出入库流程，实时监控仓库内存货情况并进行自动盘点。同时，智能仓储可以挖掘商品之间的相关性，运用先进算法安排各类商品布局。在入库作业中，结合上架商品的物理属性和销售状况，利用大数据的算法可以将商品精准地推荐到最适合的储存位置。大数据的算法可以依托商品存储数据的情况及历史出库的数据将所在区域相接近的订单收集在一起，并在规划出最优拣货路线的同时，平衡拣选区和仓储区的库存。在出库时，大数据算法能够找出最合适的被拣选的货位和库存数量，进而调度最合适的人或者机器人进行搬运，从而提高仓库的效率。

智能包装与加工是人、品牌和对象之间的对话，其应用增强了消费者对产品的体验。使用物联网相关技术，结合RFID技术、蓝牙和智能标签等传感器技术等，再根据待包装物品的属性、顾客的要求、成本以及包装材料是否环保等自动选择合适的包装方式和包装材料等，从而大大提高产品包装的效率。企业可以结合大数据技术监管供应链中生鲜农产品的质量问题，同时也可以实现智能分拣与配货，进而提升物流效率。

生鲜农产品的参与者多为中小企业与个体户，过小的企业规模很容易存在信任危机、贷款融资困难、收付账款风险等问题。供应链金融的核心是风控，而风控管理的核心是数据。可以使用大数据技术来达到数据"穿透式"管理，有效推进金融业务的运作，并有效防止金融风险的产生。

（4）数据处理

对于企业的发展来说，大数据的重要性在于其技术对数据加工能力的提高，也就是数据的"增值"，而不是掌控数据信息的多少。首先对数据进行采集，其次进行预处理，再次进行处理和分析，最后完成数据的可视化，这就是大数据处理的四大流程。

数据的采集就是将客户端的数据通过多个数据库进行接收，其中包括需求端（电商等客户端）、供给端（农产品产地追溯）、物流端（车辆、仓储、包装等设施设备）、金融结算端等多个端口。其中，供应链平台集合了所有数据，这些数据库可供用户进行一些简单的查询、完成一些基本的处理工作；数据的预处理就是通过大数据的相关技术，对数据进行清洗、审核、筛选、排序等工作；对于数据处理与分析，大数据技术利用算法建立起数据的维度，通过挖掘数据之间的相关性，依托特殊的应用场景和要求，选择适合的数据分析技术；数据可视化是直观地呈现数据分析和预测结果的图像与图形。经过数据分析处理后，就能够发现供应链上存在的问题，进而及时采取相应的改进措施，从而促进供应链的不断完善。

5.4 本章小结

在这个大众创业、万众创新的时代，数据驱动的智能创新与创业备受关注。本章主要介绍了数据背后的商业价值挖掘、数据驱动下的创新创业以及数据驱动下的技术创新。

本章首先介绍了数据背后的商业价值，分别是客户的个性化精准推荐、顾客群体的细分、客户关系管理、用户行为预测，以及在数据挖掘过程中遇到的难点及应对方法。难点主要有数据中非结构化数据的存在以及中小企业数据挖掘成本高昂。针对这些难点，一方面，企业可以将数据挖

掘业务进行外包，或者招聘更多数据挖掘领域的人才，以降低成本，提高效率；另一方面，高校要不断改进教育课程、培养方式等，以培养出符合企业需求的数据挖掘领域的人才。

其次介绍了数据驱动下的创新创业的内涵、现状以及机会。在大数据时代，存在很多创新创业的机会，最明显的特征是微创新，但是仍然存在数据流动性不足、数据安全、大数据人才紧缺和获得投资难度加大等问题。创业者可以通过提供大数据服务、以大数据为依托做行业服务或者做大数据相关产业的配套服务来进行创业活动。

最后讨论了数据驱动下的技术创新的内涵与类型、企业商业模式的技术创新以及企业技术创新的管理要素。技术创新可以根据创新对象、创新源和创新的新颖程度来区分。企业可以从金融业务模式、以客户需求为核心、行业的聚合与无界新趋势、实时商务智能和高级分析与预测决策等方面进行商业模式的技术创新。此外，要想实现数据驱动下的企业技术创新，就必须从技术研发、企业的人力资源管理模式和培育企业的数据文化等方面入手，提高企业员工的数据素养，从而推进企业技术创新的发展。

参 考 文 献

[1]陈宪宇．大数据的商业价值[J]．企业管理，2013(3)：108-110.

[2]代明，殷仪金，戴谢尔．创新理论：1912—2012——纪念熊彼特《经济发展理论》首版100周年[J]．经济学动态，2012(4)：145-152.

[3]丁雪辰，柳卸林．大数据时代企业创新管理变革的分析框架[J]．科研管理，2018，39(12)，4-12.

[4]冯丽丽，等．农业大数据在河南省生猪生产中的应用分析[J]．河南农业科学，2020，49(7)：155-160.

[5]葛宝山，等．全球化背景下的创新与创业——"2011创新与创业国际会议"观点综述[J]．中国工业经济，2011(9)：36-44.

[6]胡海波，涂舟扬大数据背景下传统制造企业微创新演化："江西李渡"和"贵州茅台"双案例研究[J]．科技进步与对策，2018，35(3)：101-110.

[7]胡晓惠．关于大数据时代企业人力资源管理创新的几点思考[J]．现代商业，2017(11)：64-65.

[8]雷家，马肃，洪军．技术创新管理[M]．北京：机械工业出版社，2012.

[9]李冰．分析大数据背景下小企业创新创业路径[J]．现代营销(经营

版), 2020, 326(2): 50-51.

[10]李宏伟. 基于大数据时代企业人力资源管理变革的分析[J]. 人力资源管理, 2017(1): 9-10.

[11]罗洪云, 张庆普. 知识管理视角下新创科技型小企业突破性技术创新过程研究[J]. 科学学与科学技术管理, 2015(3): 143-151.

[12]李文博. 新创企业微创新行为的关键环节认知——话语分析方法的一项探索性研究[J]. 研究与发展管理, 2015, 27(3): 83-93.

[13]李艳玲. 大数据分析驱动企业商业模式的创新研究[J]. 哈尔滨师范大学社会科学学报, 2014(1): 55-59.

[14]林嵩, 张帏, 邱琼. 创业过程的研究评述及发展动向[J]. 南开管理评论, 2004, 7(3): 47-50.

[15]刘阳阳. 大数据驱动生鲜农产品供应链模式创新与运作优化[J]. 商业经济研究, 2020(16): 150-152.

[16]马建光, 姜巍. 大数据的概念、特征及其应用[J]. 国防科技, 2013(2): 10-17.

[17]毛伟. 大数据时代企业创新的文化驱动[J]. 浙江社会科学, 2020(6): 12-20, 155.

[18]王金环, 等. 我国智能养猪现状, 问题及趋势[J]. 中国猪业, 2018, 13(12): 16-22, 26.

[19]吴信东. 数据挖掘的十大算法和十大问题[C]//中国人工智能学会. 中国人工智能学会, 2008.

[20]熊彼特, 邹建平. 熊彼特: 经济发展理论[M]. 北京: 中国画报出版社, 2012.

[21]徐德力. 基于客户体验的企业微创新机制及策略探析[J]. 常州工学院学报, 2013(6): 65-70.

[22]周青, 等. 企业微创新: 研究述评与展望[J]. 科技进步与对策, 2019, 36(2): 159-166.

[23]ARDICHVILI, A., CARDOZO, et al. A theory of entrepreneurial opportunity identification and development[J]. Journal of Business Venturing, 2003(18): 105-123.

[24]Baker, T., Nelson, et al. Creating something from nothing: resource construction through entrepreneurial bricolage [J]. Administrative Science Quarterly, 2005, 50(3): 329-366.

[25]TIMMONS, J. A., SPINELLI, et al. New Venture Creation. 人民邮电出版社.

第6章

数据安全与伦理

6.1　数据安全和隐私保护

数据安全在传统的信息时代就面临着不少问题，而在数据时代面临的问题则更加多样。数据防护、数据管理规则、信息加密技术、安全审计和个人隐私保护都面临着更加严峻的挑战，数据安全与隐私保护问题是数据科学技术应用的一大重要议题。

6.1.1　数据安全和隐私保护的问题

（1）隐私和个人信息安全问题

隐私权是法律赋予个人的一种权利，认可个人能够以自己的意志控制自己的私人生活；法律承认隐私权意味着公民的私人生活与私人信息都能够受到法律的保护，如保护公民个人资料、私人住宅、个人身体等，使其能够免受非法打扰、搜集利用和公开之忧（陈仕伟，黄欣荣，2016）。个人隐私具有排他性和私密性，随着公民自身权利意识的增强，个体生活空间的拓展，隐私和个人信息安全越来越受到社会的重视，在公民参与互联网活动中，公民的隐私信息常常会以数据的形式保存在信息系统中。因此，在数据时代，隐私和个人信息安全问题很容易发生：手机下载 App 时经常会请求读取权、存储权之类的权限，一些互联网平台在注册时也会强制性要求用户提供自己的私人信息，否则无法注册、交易、安装，大多情况下用户为了这些服务都会接受强制性的用户协议条款。随着互联网技术不断进步，微信、微博、豆瓣等各类社交平台如雨后春笋般出现，平台对于用户隐私保护的措施需要更加规范和慎重。

（2）国家安全问题

一些敏感的数据如金融、国防、医疗、情报等都可能在保密措施的漏

洞下被其他国家窃取，造成国家安全问题，数据在收集、存储、分析等环节上也有可能因为技术安全漏洞加剧数据泄露的风险(Wang，2021)。关系国家安全和利益的数据，极易成为网络攻击的目标，一旦这些机密数据被其他国家窃取或监控，国家的安全就将受到威胁，如此看来，数据领域已然成为国家之间博弈的新战场。著名的"棱镜门"和"维基解密"事件，与其主要人物斯诺登和阿桑奇，向全世界人民展露了整个互联网都在面临数据监控的残酷真相。

6.1.2　典型案例

（1）网络爬虫

网络爬虫只是一种技术，它可以通过构造合理的 http 请求、设置 cookie、使用代理等自动获取互联网信息(李帅，2020)。它作为技术本身是不违法的，但在实践中的合法性判定需要另谈，比如是否危害企业竞争的公平、是否违反了伦理道德规约。2018 年 5 月初，有新闻报道称中国的一些技术公司正在肆无忌惮地非法获取裁判文书数据，主要手段是使用爬虫无限制并发访问裁判文书网。只要打开某二手交易电商平台就能看到全国多地的商家出售裁判文书网的数据，甚至有些商家的商品页面暗示能够提供绝大多数公开文书，还可以定制你想要的裁判文书数据(屈畅，朱建勇，2019)。可见这种"网络爬虫行为"不仅给正常访问的用户带来了不少不便，还给政府部门带来了不少麻烦。

（2）"棱镜门"事件

2013 年英国《卫报》和美国《华盛顿邮报》共同报道了一则新闻，该新闻一问世便引起全球哗然：美国中央情报局(CIA)和美国联邦调查局(FBI)一直在秘密监控互联网用户的一举一动。这项高度机密的监控项目代号为"棱镜"，自 2007 年小布什政府时期就开始实施了，主要手段是通过接入美国互联网公司的中心服务器来进行数据监控与收集，而美国最主要的 6 家互联网公司(雅虎、脸书、Skype、微软、YouTube 和苹果)都参与了这一项目。报道称美国的情报分析人员可以直接接触所有用户的信息、直接跟踪用户的一举一动及用户的所有联系人，受"棱镜"监控的数据主要有 10 种类型：照片、视频、语音聊天、传输文件、视频会议、电子邮件、即时信息、存储数据、登录时间和社交网络资料。

（3）"维基解密"事件

维基解密（Wikileaks）成立于 2006 年 12 月，声称是为了揭露政府及各大企业的腐败行为而成立的，甚至号称自己的数据源不必被审查也不能被追查，该网站有数十个国家的支持者支持运营（郎为民，2011）。

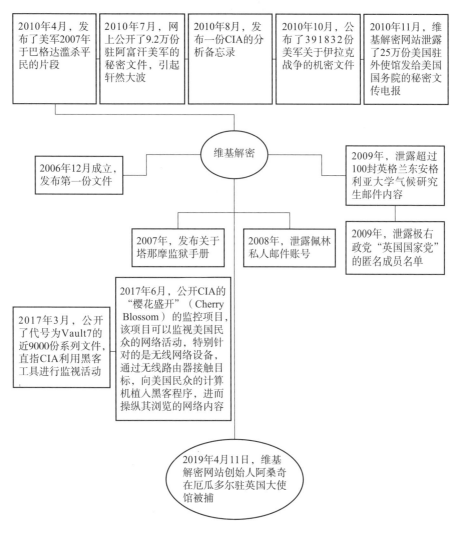

图 6-1　"维基解密"大事记

（4）个人信息买卖

国家网信办在 2015 年 2 月发布了《互联网用户账号名称管理规定》，虽然互联网实名制越来越严格，但是仍有违法分子为了获取大量网络账号恶意注册、"养号"，甚至形成了分工明确的黑色产业链（许晴，2018）。

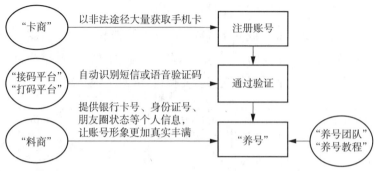

图 6-2 "黑账号"的"生产"流程

（5）人肉搜索

人肉搜索在很多情况下总是和网络暴力联系在一起。人肉搜索需要网友们对搜索引擎所提供的信息逐个辨别，知情人也可以在网络上通过匿名的方式去提供信息，这样双管齐下去寻找特定的人、事件或真相（唐越，2018）。互联网的出现为人肉搜索提供了更便利快捷的技术条件，人们在使用互联网时会在互联网空间中留下大量印记，这些印记可以被永久保存。人肉搜索除了造就网络暴力之外，还有可能造就现实犯罪。比如一些女孩子会发布各种生活照片到自己的社交软件上，一些不法分子就会根据这些碎片拼凑出女孩的信息，实施犯罪。

6.1.3 数据时代的数据安全与隐私保护

（1）各国的数据安全和隐私保护的实践

①美国的数据安全和隐私保护的实践（见表6-1）。

表 6-1　美国的数据安全和隐私保护实践（刘克佳，2019）①

年份	具体实践
2012	奥巴马政府宣布推动《消费者隐私权利法案》的立法程序，明确数据的所有权属于用户，但因科技巨头的反对，最终未能通过
2014	美国总统科学技术顾问委员会发布报告《大数据：技术视角》②，提出美国应该领导大数据国际规则秩序的制定

①　U. S. National Telecommunications and Information Administration. NTIA seeks comment on new approach to consumer data privacy［EB/OL］.［2019 - 03 - 05］. https：//www. ntia. doc. gov/press - release/2018/ntia-seekscomment-new-approach-consumer-data-privacy.

②　刘克佳，2019。

年份	具体实践
2015	美国白宫发布《大数据：把握机遇，守护价值》白皮书，阐明美国数据应用的现状和政策框架，并建议通过法律统一数据泄露的标准
2016	美国国家科技委员会发布《国家隐私研究战略》①，建议加强政府机构间的协调，并为隐私相关研究项目提供资金支持
2018	美国国家电信和信息管理局就隐私保护政策征求社会意见
	美国国土安全部开展的"可视化和数据分析卓越中心"（CVADA）项目，希望能够通过对大规模异构数据的研究解决网络威胁等问题
	美国国家安全局开展的 Vigilant Net 项目投资近 20 亿美元在犹他州建立了数据中心，进行多个监控项目的数据采集和分析
2020	2020 年 1 月《加利福尼亚州消费者隐私法案》（CCPA）生效，该法案在访问、删除和分享企业收集到的个人数据上赋予了消费者新的权利
2021	2021 年 3 月，弗吉尼亚州州长签署批准了《消费者数据保护法案》（VCDPA），该法案将赋予消费者相关权利，可拒绝将其个人数据用于定向广告，并有权确认其数据是否正在被处理

②欧盟的数据安全和隐私保护实践（见表 6-2）。

表 6-2　欧盟的数据安全和隐私保护实践（魏国富和石英村，2021）②

年份	具体实践
1955	欧盟制定《计算机数据保护法》
2018	欧盟出台《通用数据保护条例》（General Data Protection Regulation，GDPR），GDPR 的核心目标是"将个人数据保护深度嵌入组织运营，真正将抽象的保护理论转化为实实在在的行为实践"，自 GDPR 发布之后，企业都需要重新审视隐私政策、业务流程、信息技术系统、战略布局等规划
2020	欧盟委员会发布《欧洲数据战略》
	欧盟委员会向欧洲议会和欧盟理事会提交《数据保护是增强公民赋权和欧盟实现数字化转型的基础——GDPR 实施两年》报告
	欧洲数据保护监管局（EDPS）发布《欧洲数据保护监管局战略计划（2020—2024）——塑造更安全的数字未来》
2021	欧洲数据保护委员会通过了一项《关于涉及个人数据传输国际协议的声明》③，提议欧盟各成员国进一步评估和审查个人数据传输的国际协议

---

① 刘克佳，2019。
② 文中参考来源：
EuropeanDataProtectionSupervisor. EDPSStrategy2020—2024：Shapingasaferd igitalfuture［EB/OL］.（2020-06-30）［2020-08-24］. https：//ed ps. europa. eu/ed ps-strategy-2020—2024/
③ 魏国富 & 石英村，2021 文章。

③中国的数据安全和隐私保护实践(见表6-3)。

表6-3 中国的数据安全和隐私保护实践(深圳:前瞻产业研究院,2021)

时间	具体实践
2016	十二届全国人大常委会第二十四次会议正式通过《网络安全法》,强调保障关键信息基础设施的运行安全、重要数据强制本地存储并配以国家审查,确立了网络安全在法律上的基本原则,明确网络空间治理目标及政府各部门的职责权限,完善了网络安全监管体制
2020	3月6日,信标委发布《信息安全技术个人信息安全规范》,该规范对个人信息收集、储存、使用做出了明确规定,旨在遏制个人信息非法收集、滥用、泄露等乱象,最大限度地保障个人的合法权益和社会公共利益
	12月28日,国家发改委发布《关于加快构建全国一体化大数据中心协同创新体系的指导意见》,指出要加快构建全国一体化大数据中心,加速数据流通融合,强化大数据安全保障
2021	1月22日,国家互联网信息办公室发布新修订的《互联网用户公众账号信息服务管理规定》,要求公众账号信息服务平台建立信息内容安全、网络安全、数据安全、个人信息保护管理制度
	3月11日,十三届全国人大四次会议表决通过了《关于国民经济和社会发展第十四个五年规划和二〇三五年远景目标纲要》的决议,决议中指出要加强涉及国家利益、商业秘密、个人隐私的数据保护,加快推进数据安全、个人信息保护等领域基础性立法,强化数据资源全生命周期安全保护
	3月22日,国家互联网信息办公室等四部门联合发布《常见类型移动互联网应用程序必要个人信息范围规定》,严禁 App 运营者违法违规收集使用个人信息行为,切实维护公民在网络空间的合法权益
	5月24日,国家发展改革委、中央网信办印发《全国一体化大数据中心协同创新体系算力枢纽实施方案》,提出试验多方安全计算、区块链、隐私计算、数据沙箱等技术模式,构建数据可信流通环境,提高数据流通效率
	6月10日,十三届全国人大常委会第二十九次会议通过《数据安全法》,旨在规范数据处理活动,保障数据安全,促进数据开发利用,保护个人、组织的合法权益,维护国家主权、安全和发展利益
	7月12日,工信部发布《网络安全产业高质量发展三年行动计划(2021—2023年)(征求意见稿)》,指出推动隐私计算等数据安全技术的研究攻关和部署应用,促进数据要素安全有序流动
	8月20日,十三届全国人大常委会第三十次会议表决通过《个人信息保护法》,法律明确不得过度收集个人信息,不得非法买卖、提供或者公开他人信息,不得进行"大数据杀熟",完善个人信息保护投诉、举报工作机制等

④其他国家的数据安全和隐私保护实践(见表 6-4)。

表 6-4　其他国家的数据安全和隐私保护实践(黄道丽，胡文华，2019)

国家	年份	具体实践
日本	2003	2003 年通过，2005 年正式实施的《个人信息保护法案》，是日本关于数据保护的第一个综合性法律
	2013	2009 年初由日本自民党领导的执政联盟提议的《"通用号码"法案》于 2013 年经日本国会议院通过
	2014	日本政府通过 IT 战略总部，颁布了 140724 法案——《个人数据利用系统改革纲要》
澳大利亚	2009	发布了《网络安全战略》，明确提出信息安全政策的目的是维护安全、恢复能力强和可信的电子运营环境
	2012	发布了《信息安全管理指导方针：整合性信息管理》①，为数据整合中所涉及的安全风险提供了最佳管理实践指导
印度	2012	印度批准国家数据共享和开放政策，促进政府拥有的数据和信息得到共享和使用
	2018	印度效仿欧盟的 GDPR 发布《个人数据保护法 2019(草案)》②。《印度电子商务国家政策框架草案》②则规定了广泛的数据本地化要求，且对印度政府认定的重要数据要求仅能在印度境内处理
新加坡	2012	公布《个人数据保护法》，旨在防范对国内数据以及源于境外的个人资料的滥用行为
韩国	2013	对个人信息领域的限制做出适当修改，制定了以促进数据产业发展，并兼顾对个人信息保护的数据共享标准
俄罗斯	2007	《关于信息、信息技术和信息保护法》《俄罗斯联邦个人数据法》要求个人数据应当在境内存储，应当在俄罗斯建立数据中心，但在俄罗斯境内存储副本即可，不要求仅能在俄罗斯境内处理

6.2　数据伦理

伴随着数据技术的发展，越来越多的社会伦理问题逐渐凸显出来。在数据时代，迅速发展的互联网已经成为人们生活中不可或缺的一部分，人们在网络上留下了许多"数据足迹"，同时对这些数据足迹产生了一些问题思考：这些数据的所有权归属何方？互联网公司是否有权存储和使用这些

---

① 陈萌. 澳大利亚政府数据开放的政策法规保障及对我国的启示[J]. 图书与情报，2017(1)：9. 原文未提供报告来源，相关网站：https：//www. cyber. gov. au/acsc/view-all-content/ism
② 草案链接 https：//journalsofindia. com/draft-national-e-commerce-policy/

数据？数据时代如何保护人的自由和尊严？数据是否会给传统伦理学带来挑战？

6.2.1 数据伦理的概念

数据伦理从西方伦理学的角度来看是实践的或规范的，重视实际应用的。应用伦理学的直接目的是解决实际的伦理纷争，求得一个伦理共识和集体选择（王泽应，2013）。本书在讨论"伦理"的时候，是从概念角度对道德现象进行哲学的思考，是在探讨人类、社会、自然三者之间关系的行为规范和基本原则。

科技伦理是应用伦理学的一个分支，它规定了科技工作者在科学技术实践活动中应当遵守的道德标准、行为准则规范和应当履行的社会责任（熊志军，2011）。而在科技伦理的讨论中，信息伦理也是讨论度相对集中的一个领域，信息伦理依赖于人们的自主自觉，互联网的开放使得全球人民都能参与，不同的种族、不同的文化、不同的价值观在网络交往活动中碰撞、交流，不可避免地带来了一系列社会问题，比如网络诈骗、计算机病毒、黑客、垃圾邮件等，这些社会问题最后都引发了信息伦理的问题。"数据伦理"属于信息伦理的范畴，指的是在数据技术领域，人们应当遵守什么样的行为规范（彭知辉，2020）。

6.2.2 数据伦理问题

在数据研究的初期，人们对数据的认识带有理想主义的色彩，认为数据将改变社会结构、重塑人们的世界观。2020 年新冠肺炎疫情下催生的"健康码"，后续在杭州出现并引发热议的"文明码"都值得我们思考：数据时代下，人类是否会沦为数据技术的工具？数据时代的世界是否还是以人为本的世界？数据伦理是数据科学的一个重要研究内容，数据发展中一些具体的伦理问题吸引着人们的关注。

（1）数据伦理问题类型

①个人隐私。

个人隐私泄露不仅是重要的数据安全问题，还是重要的数据伦理问题，上一节已经详细讲解数据时代下的数据安全与隐私保护。个人隐私是私密性质的，个人在使用互联网时都会产生数据，这些数据的删除权、存储权、使用权、知情权等都属于个人权利（Pascalev，2017）。虽然这些都属于个人权利，用户可以对自己产生的数据随意处置，但在实践的很多情形中个人隐私安全难以得到保障。第一，数据的所有权不明晰。个人的互联网数据应当属于个人，但由于缺乏法律和伦理规范，数据可以通过网络任意传播，无视被采集者的隐私泄露危险。第二，行为偏好方面的数据容易被利用。这都是个人隐私泄露的数据伦理问题，挑战着用户在互联网时代的尊严。

②数字鸿沟。

2020 年新冠肺炎疫情管控期间，一段"老人因无健康码导致乘地铁受阻"的视频受到关注，这一视频揭示了一个非常普遍的现象：老年人与当代社会存在着数字鸿沟。数字鸿沟（也有"信息鸿沟"或"技术鸿沟"的说法），是指各个地区、组织、群体对数据科学、数据科学成果、信息资源等的掌握收集情况有所差异，这些差异带来了收益分配的不同，最终贫富差距进一步两极分化（温亮明等，2019）。

其实"鸿沟"早已存在，因为数据本质上仍是一种资源，数字鸿沟其实仍是一种社会分配不公的问题表现，不是数据造成的数字鸿沟，而是数据应用的设计、使用、推广导致了鸿沟的产生。李克强总理表示，要加快农村等地区相关设施的建设，缩小数字鸿沟①。缩小数字鸿沟，增进人类福祉、保障社会公平是具有全球价值的数据伦理问题。

③数据独裁。

数据独裁，是指由于社会经济、政治、文化的发展，信息和数据都呈指数爆炸式增长，导致过去传统的工作模式无法在现在做出更加准确的判断，必须依靠数据进行结果分析提供决策支持（宋吉鑫，2018）。虽然通过数据分析能够提高决策的准确性，但这也有可能会让人们"唯数据论"，使人类沦为数据的奴隶（黄欣荣，2015）。由于处于弱势的社会主体难以察觉企业如何对待人们产生的数据，一些企业会通过假造数据来控制市场、舆论甚至政治。一些企业甚至不会告知人们数据挖掘的真实情况，会通过所谓"用户协议"来规避相关责任甚至攫取利益。就信息化程度来说，经济发达地区与信息不发达地区有着巨大差异，经济发展的地区性与阶层性也"造成了地区性与阶层性的数据独裁，剥夺了弱势群体的平等竞争机会"。

---

① 中国政府网. 李克强出席中国大数据产业峰会暨中国电子商务创新发展峰会并致辞[EB/OL]. http：//www.gov.cn/guowuyuan/2016-05-25/content_5076764.htm，2016.

④信息异化。

"异化"一词源于拉丁文,原意指"分离、使疏远、使不和、让渡"等,异化一般指主体所创造的对象客体反过来支配和奴役主体。因此所谓的"信息异化",就是指人原本是信息的创造者和控制者,但因对于信息的过分依赖和盲目推崇导致人反而被信息奴役和控制(安宝洋,2015)。

在数据时代,网络越来越强大,人工智能越来越智能,人类在面对呈爆炸式增长的数据信息时,很大可能会选择让数据来替自己做出选择:政客借助舆情预测调整竞选方案,企业依靠数据模型选择产品生产,游客根据旅游预测选择旅游目的地等,这种决策的范式虽然是科学的,有机会减少试错成本,提高办事效率,但同时意味着创新意识的没落,当人们失去自主反思批判的意识能力,成为数据的奴隶时,人类文明也将面临危机。

(2)数据伦理问题产生的原因

①法律体系不健全。

由于法律从提案起草到颁布执行需要较长的时间,数据法律的建设总是滞后于数据技术的发展,数据法律制约体系的不健全,是造成数据伦理问题产生的原因之一(宋吉鑫等,2017)。而且法律法规经常都是对已出现的数据伦理问题做出反应,也就是说法律没有办法预见还未发生的数据伦理问题。因此,相关的法律法规如果模糊不清,惩戒力度较弱,就容易导致违法成本较低,给缺乏社会责任感、缺乏伦理规范意识的数据企业机会和空间忽视相关问题。

②企业伦理道德规范缺失。

企业是最能直观享有数据带来的不断提升的商业价值的一方,利益的诱惑易使企业忽视道德标准。例如,企业希望通过大数据相关技术对不同的数据进行分析,从而将产品服务精准推送给用户,但这种行为侵犯了用户的知情权、选择权、公平交易权和个人信息的隐私保护,这也映射出当前部分企业伦理道德的丧失,违反了市场公平的原则。伦理道德规范缺失容易导致数据伦理问题的产生。

③数据技术缺陷。

数据技术本身的缺陷和数据思维能力的不成熟也是数据伦理问题产生的一个重要原因。例如,一些企业的信息技术计划建立在不够成熟的数据技术基础上,导致安全漏洞频出,在数据安全管理方面存在短板。数据本身只是一种资源,本身是不具有甄别信息的功能的,加之数据技术的加密和代码的伦理约束不成熟，容易被不法传播、利用，数据加密技术水平和数据监管水平都需要规避技术缺陷，防范数据伦理问题。

6.2.3　典型案例

(1)"信息茧房"问题

最先提出"信息茧房"的是桑斯坦，他在《网络共和国：网络社会中的民主问题》①中提出了"个人日报"(dailyme)的理念。在互联网时代，每个人都可以根据自己的喜好兴趣进行信息选择量身定制一份令自己感到愉悦放松的"dailyme"，然而这种完全由自己的喜好进行信息选择的行为很可能会使其陷入信息茧房中。

就像蚕一样被桎梏于小小的"茧"中，信息茧房是指人们在信息领域会习惯性地被自己的兴趣喜好所引导，使自己生活在这些信息筑就的、犹如蚕茧一般的"茧房"中并为之愉悦的现象(孙士生，孙青，2018)。这些人在社群(茧房)内的交流是十分高效的，但这种"高效"不见得比信息匮乏的时代更加顺畅有效。长期禁锢于信息茧房中，人们会渐渐失去接触、了解不同事物的机会和能力；不了解其他事物，人们就不可能考虑周全，容易陷入盲目自信的心理境况，甚至将自己的偏见认定为绝对的真理。

最典型的信息茧房是"粉丝圈"，即当下娱乐文化和网络文化中颇具代表性的群体，拥有独特的行动准则。"粉丝圈"的行动准则使圈层内的成员行为具有高度一致性，也使得群体极化的事件在圈层内屡次发生(郑雪菲，2020)。粉丝基于个人兴趣，社交平台中的关注对象多和偶像相关，个体对信息的选择性接触、偏好与偶像的关系高度密切，构筑形成信息茧房。信息茧房中经常会有意见领袖来给茧房内的成员过滤信息，他们组织、呼吁成员一起维护偶像的形象和利益。粉丝在这些意见领袖潜移默化的影响下，思想行动越来越被禁锢，注意力不断损耗，难以挤出接触其他类型信息的时间与关注空间。思想上的"茧房"很容易会演变为行动上的偏激，引发网络暴力、网络骂战。

---

① 凯斯·桑斯坦. 网络共和国：网络社会中的民主问题[M]. 黄维明，译. 上海：上海人民出版社，2003.

图6-3 诱导饭圈互撕的平台该掂量掂量了！

资料来源：光明网．纵容饭圈互撕，平台该收手了［EB/OL］．https：//m. gmw. cn/baijia/2020-09/16/1301567478. html，2020.

（2）大数据"杀熟"

大数据杀熟的定义是：同样的商品或服务，老客户看到的价格与新客户不同，具体来说是贵上不少的现象，但是大数据杀熟的类型并不囿于其定义范围内（李飞翔，2020）。例如，某打车软件随着使用次数的增多，同样的路线行程价格要比最开始的高；又如，某些App，即使同样是会员，购买同样的商品，使用苹果手机的用户看到的价格也比安卓手机的用户高。

（3）网络营销"魏则西事件"

魏则西是一位西安电子科技大学的学生，原本他也应该同他的同龄人一样拥有一段美好的大学生活,但是他的生命却在 2016 年 4 月 12 日因滑膜肉瘤戛然而止,终年 22 岁。去世前他曾在知乎网站撰写治疗经过,在他发布的回答中表示他曾被竞价排名的广告误导,在百度搜索出来的某家医院进行治疗导致了病情的耽误(时评钧,2016)。最后国家网信办、国家工商总局、国家卫生计生委成立联合调查组进驻百度公司进行调查并依法处理。魏则西事件虽然在中国互联网历史上留下了痕迹,但这道痕迹似乎并不足以让一些互联网公司明白:营销广告不能打破道德伦理的底线。

(4)数据造假

互联网是大数据时代的标志,各式各样的美食、穿搭、美妆、旅行服务应用应有尽有,人们的衣、食、住、行几乎都受制于网络,在选择各类应用和服务时会打开搜索引擎搜索各种评价信息来做出决策。此时就要注意"数据造假"这个重要的"潜规则"了,互联网企业通常会通过伪造数据轻松控制我们的选择。

为什么需要数据造假?由于"刷"出来的数据可以影响消费者的决定,正如前文提到的问题,消费者肯定会选择评价更多更好的商家,由此"数据造假"可以为商家赢得更多的生意,而目前不论是行业还是个体,都很少重视该问题,更遑论追责。

数据造假的需求主体主要有两个,一个是商家,另一个是平台(温婧,2018)。对于商家来说,数据造假意味着能够更轻松更快速地获得更多的好评和更靠前的影响力,这样能够更容易影响消费者的决定。而对于平台来说,数据就是生命,只有平台整体保持足够多的优质评价,消费者才会形成使用习惯,可以拿给投资者一份优质的数据。由于需求旺盛,刷单、刷量、刷评论等相关技术已经很成熟,这种机械性的刷单刷量成本是十分低廉的。在互联网迅速发展的今天,数据造假越来越难以靠肉眼识别,其危害日益显现。数据造假不仅威胁着众多消费者的合法权益和信息安全,更时刻威胁着整个互联网市场的整体秩序和稳定。

6.3　数据伦理的管理策略建议

数据伦理问题既危害个人的信息安全,也不利于新技术的健康发展。针对数据伦理的治理方法,单靠政府或企业存在局限,因此,需要跨领域、跨学科建构数据治理的框架,进而全面地、整体地治理数据伦理问

题，以下从政策法规、行业标准、安全技术手段、公民素养等方面讨论一些相关管理建议。

(1)加强顶层设计，健全政策法规

对于数据安全与隐私保护，需要加强顶层设计，健全政策法规。法律是维护社会安定有序发展、数据行业健康可持续发展的强力手段，通过制定和完善数据立法可以规范、约束和引导行为主体。宪法和民法赋予公民一定的信息权利，国家有发布《关于加强网络信息保护法的决定》和《网络安全法》等法规，但法律毕竟是针对已出现的问题提出对策，政府应当尽快健全法律法规，制定相关的规章制度，加强网络执法力度，并贯彻执行现有保护数据安全与个人隐私的法律，把相关立法与行业规范衔接好，让相关规定与上位法标准统一，加大对现有立法文件的宣传(吴静，2020)。

具体来说，要明确政府、企业、个人的责任，防止数据和信息安全隐患，确保数据安全与隐私保护，明确信息安全管理部门、网络运营商乃至个人的法律责任范围，对违法者进行征信记录和法律制裁。首先，明确公民对个人信息数据的权利，如知情权、删除权、存储权和查询权等，做到有法可依；其次，明确互联网企业采集公民信息数据的范围，禁止范围外的信息采集，做到有法必依；最后，在进行数据挖掘时，限制敏感数据的使用，加大对违反规定者的惩罚力度，做到执法必严，有效约束数据使用者的行为，确保整个网络与社会的安全。

此外，还要通过立法应对境内外数据安全风险，切实维护国家主权、安全和发展利益。一方面要推动信息网络安全国际合作，明确国际数据安全的认知、标准及管辖权问题，积极推动国家数据安全与隐私保护法治体系；另一方面要提高我国在国际信息安全领域的话语权，斩断跨国数据犯罪链条，保证平等、公平、安全、健康、有序的网络环境。

(2)构建统一标准体系，引导数据产业规范发展

随着"互联网+"数据被广泛应用，数据安全与隐私保护不断受到威胁，构建数据安全与隐私保护的标准体系，引领数据规范发展有利于维护我们的合法权益。一是，建立数据诚信管理机制，防止数据盗用与隐私泄露，各级政府和企业应当建立数据诚信管理机制，如征信授权、数据诚信信息公开、数据诚信奖惩规范等，维护数据技术市场的安全，确保市场规范诚信运行(刘建华，刘欣怡，2020)；二是，建立伦理风险评估机制，在数据技术应用的各个阶段对伦理风险进行评估，以便以最快速度对伦理风险进

行控制和引导；三是，建立监管奖惩机制，通过适当的监管奖惩手段，逐渐让数据主体认识到数据技术的使用需要遵守特定的规约，让群体形成习惯从而变成伦理自觉；四是，推行安全港模式，由政府对数据行业内的每家数据企业进行严格核查，只有符合政府的立法标准才能允许通过、才能推广应用，只有通过政府来对数据伦理进行保护，才能做到国家利益、数据行业利益和用户个人利益三者之间的平衡。

(3)建立数据监管平台，夯实信息技术手段

数据监管机制是数据伦理问题治理的必要手段，核心是建设数据监管平台，制定数据监管规章制度，规范数据采集和应用的程序与规范，对于不法数据采集、存储、分析的数据使用者进行必要的惩戒，移送司法机关(李洪亮，2017)。网络警察应当扩大监管范围、加大网络信息安全保护力度，加强网监部门管理数据的能力，责令其担起责任；行政机关应当定期对数据安全监管系统进行检查，在保障数据共享与流通的同时，满足数据安全与隐私保护的要求(牛静，赵一菲，2020)。在数据监管平台这一核心之外，政府监管部门也应当接受群众、媒体的监督与评价。扩展社会主体反馈和建议的渠道，搜集在数据采集分析途中群众提出的伦理质疑，在多方主体人员的共同参与下，尽可能公平、公正、合理地解决问题。

夯实数据技术也是数据伦理问题治理的重要手段。数据技术是数据科学发展的基础，人们对数据科学技术的滥用往往和数据伦理问题的发生密不可分。因此我们可以通过提高数据技术的设计，如身份识别和身份验证技术、数字水印技术、多层次防火墙系统、防黑客系统、密钥加密技术、防毒软件等，在编写程序的时候要思考这个程序是否违反了伦理规约，要如何编写才能防患于未然，减少数据伦理问题发生的风险，只有做到这样，在数据技术使用过程中，才能够有效防范和控制数据伦理问题。

(4)增强安全意识，提高全民网络素养

增强数据安全意识，弘扬和培养公民的数据思维与理念，提高全民网络素养，对于保护个人、企业、国家信息安全具有重要意义。首先，需要国家加大对数据科学的舆论引导力度，引导公众对于数据正确思维的确立。数据思维作为一种全新的信息意识和生活理念，每个人都可以在力所能及的范围内，主动利用隐私设置来限制个人隐私的信息传播。在日常生活中也要注意：一是在浏览网站或 App 时发现风险立刻关闭，养成关闭地

理定位和定期清理 cookie 的习惯；二是在网站或 App 表示需要提供个人信息时，谨慎填写，小心用户协议条款里的数据安全与隐私保护的小陷阱；三是警惕使用公共场所的 Wi-Fi 网络服务。其次，需要加强学校、社区在数据安全与隐私保护方面的教育内容，需要在社会管理和公共服务中，逐步引导公众明确自己的主体地位，成为数据的主人。最后，需要互联网用户自觉提高网络素养，避免因个人的数据保护管理意识淡薄而造成个人信息泄露的严重后果。数据采集分析的工作人员也必须要经过相关伦理规范学习与培训才能够上岗，使其掌握和遵守道德标准与伦理底线，让其在思想上、在实践中把伦理规范"内化于心，外化于行"。

6.4 本章小结

本章主要探讨了在各类互联网技术不断发展的情况下，用户在数据时代面临的数据安全和隐私保护问题以及数据伦理问题，并就这两个问题提出了管理策略建议。

首先讨论了隐私和个人信息安全问题、国家安全问题两大关于数据安全和隐私保护的问题，列举了五个经典案例具体展示这两大问题在现实的表现，随后展示了各国的数据安全和隐私保护的实践。对于数据伦理，本章首先明确其概念，提出了个人隐私、数字鸿沟、数据独裁、信息异化四个数据伦理问题，又就数据伦理问题产生的原因进行了探讨；通过四个典型案例展示了数据伦理问题的具体表现。最后，就如今中国的数据安全与隐私保护的实践提出了"加强顶层设计，健全政策法规""构建统一标准体系，引导数据产业规范发展""建立数据监管平台，夯实信息技术手段""增强安全意识，提高全民网络素养"四点策略建议。

参 考 文 献

[1]安宝洋. 大数据时代的网络信息伦理治理研究[J]. 科学研究，2015(5)：641-646.

[2]陈仕伟，黄欣荣. 大数据时代隐私保护的伦理治理[J]. 学术界，2016(1)：85-95.

[3]黄道丽，胡文华. 全球数据本地化与跨境流动立法规制的基本格局[J]. 信息安全与通信保密，2019(9)：22-28.

[4]黄欣荣.大数据技术的伦理反思[J].新疆师范大学学报(哲学社会科学版),2015(3):46-53+2.

[5]李帅.网络爬虫行为对数据资产确权的影响[J].财经法学,2020(1):25-34.

[6]郎为民."维基泄密"事件对我国信息网络安全的启示及对策[J].信息网络安全,2011(5):73-76.

[7]刘克佳.美国保护个人数据隐私的法律法规及监管体系[J].全球科技经济瞭望,2019(4):4-11.

[8]刘建华,刘欣怡.大数据技术的风险问题及其防范机制[J].广西师范大学学报(哲学社会科学版),2020(1):113-120.

[9]李飞翔."大数据杀熟"背后的伦理审思、治理与启示[J].东北大学学报(社会科学版),2020,22(1):7-15.

[10]李洪亮.创新事中事后监管机制,构建大数据监管新格局[J].中国市场监管研究,2017(2):69-72.

[11]牛静,赵一菲.数字媒体时代的信息共享与隐私保护[J].中国出版,2020(12):9-13.

[12]彭知辉.论大数据伦理研究的理论资源[J].情报杂志,2020(5):142-148.

[13]宋吉鑫.大数据技术的伦理问题及治理研究[J].沈阳工程学院学报(社会科学版),2018,14(4),452-455.

[14]宋吉鑫,魏玉东,王永峰.大数据伦理问题与治理研究述评[J].理论界,2017(1):48-54.

[15]孙士生,孙青.大数据时代新媒体的"信息茧房"效应与对策分析[J].新媒体研究,2018,4(22):7-10.

[16]唐越."大数据"时代网络个人信息的保护——以"人肉搜索"事件为例[J].河北科技师范学院学报(社会科学版),2018(2):69-74.

[17]吴静.大数据时代下个人隐私保护之法律对策[J].广西民族师范学院学报,2020(2):89-92.

[18]王泽应.应用伦理学的几个基础理论问题[J].理论探讨,2013(2):41-45.

[19]温亮明,张丽丽,黎建辉.大数据时代科学数据共享伦理问题研究[J].情报资料工作,2019,40(2):38-44.

[20]魏国富.人工智能数据安全治理与技术发展概述[J].信息安全研究,

2021，7（2）：110-119.

[21]熊志军.论科学伦理与工程伦理[J].科技管理研究，2011，31（23）：184-187+197.

[22]郑雪菲.浅析"饭圈"中的"信息茧房"现象[J].新闻研究导刊，2020（9）：72-73.

[23]屈畅，朱建勇.裁判文书网数据竟被商家标价售卖[N].北京青年报，2019-08-01（A8）.

[24]时评钧.魏则西事件：事前监管比事后追责更重要[N].人民日报，2016-05-03.

[25]温婧.数据造假成点评类网站"潜规则"？[N].北京青年报，2018-10-29（A8）.

[26]许晴.斩断网络"黑账号"利益链[N].人民日报，2018-12-06.

[27]中国网络安全行业发展前景预测与投资战略规划分析报告[R].深圳：前瞻产业研究院，2021.

[28]PASCALEV，M. Privacy exchanges：restoring consent in privacy self-management[J]. Ethics Inf Technol，2017（19）：39-48.

[29]WANG，L. Global network security governance trend and China's practice [J]. International Cybersecurity Law Review，2021（02）：93-112.

后　记

数据科学作为一个蓬勃发展的知识领域，是研究探索数据奥秘的理论、方法和技术的体系，从研究角度看，它为自然科学和社会科学研究提供了新方法和工具。从实践应用角度看，数据科学具有广泛的应用场景和切实的产业需求。

本书分六个章节对数据科学的理论基础与实践应用进行介绍和讨论，旨在为学生与读者提供一个较为全面的介绍。学习数据科学的方法众多，阅读图书、参加线上公开课、参与各类比赛项目、参与学术活动与业界技术会议都可以拓展我们对数据科学的理解和掌握。

最后，本书推荐以下延展阅读供读者进行更加深入的学习研究。

推荐图书 1

《数据挖掘概念、模型、方法和算法》

出版社：清华大学出版社

ISBN：9787302577423

作者简介：

Mehmed Kantardzic 博士，1980 年获得计算机科学博士学位，2004 年起在路易斯维尔大学担任教授。现任计算机科学与工程（CSE）副主席，数据挖掘实验室主任，CSE 研究生部主任。他的研究重点是数据挖掘和知识发现、机器学习、软计算、点击欺诈检测和预防、流数据中的概念漂移以及医疗数据挖掘。Kantardzic 博士的荣誉很多，研究论文获得了许多杰出和荣誉提名奖，教学方面则曾荣获最受喜爱的教师和杰出教学奖。他曾任职于多家国际期刊的编辑委员会，是美国国家科学基金会（NSF）等多个国家科学基金会的审核员和小组成员，担任 IEEEICMLA 2018 等多个国际会议的总主席或项目主席。

推荐理由：这本书被全球 100 多所大学的"数据挖掘"课程所选用，有汉语、日语、西班牙语和波斯语等多个译本。书中介绍了在高维数据空间中从大量数据中分析和提取信息的新技术和分析大数据集的一个系统方法。该方法集成了统计、人工智能、数据库、模式识别和计算机可视化等学科的结果。

推荐图书 2

《数据科学中的实用统计学》

出版社：人民邮电出版社

ISBN：9787115569028

作者简介：

彼得·布鲁斯（Peter Bruce），Statistics. com 统计学教育学院创办人兼院长，重采样统计软件 Resampling Stats 的开发者，美国统计协会职业发展咨询委员会成员。

安德鲁·布鲁斯（Andrew Bruce），亚马逊数据科学家、华盛顿大学统计学博士，拥有 30 余年的统计学和数据科学经验。

彼得·格德克（Peter Gedeck），数据科学家，拥有 30 余年的科学计算和数据科学经验，善于开发机器学习算法。

推荐理由：这本书解释了数据科学中至关重要的统计学概念，并介绍了如何将各种统计方法应用于数据科学。作者以通俗易懂、分门别类的方式，阐释了统计学中与数据科学相关的关键概念，并解释了各统计学概念在数据科学中的重要性及有用程度。书中包含以 Python 和 R 编写的示例，清楚地阐释了如何将统计方法用于数据科学。

推荐图书 3

《Python 数据科学手册》

出版社：人民邮电出版社

ISBN：9787115475893

作者简介：

Jake Vander Plas 是 Python 科学栈的深度用户和开发人员，目前是华盛顿大学 eScience 学院物理科学研究院院长，研究方向为天文学。同时，他还为很多领域的科学家提供建议和咨询。

　　推荐理由：这本书是对以数据深度需求为中心的科学、研究以及针对计算和统计方法的参考书。内容共五章，每章介绍一到两个 Python 数据科学中的重点工具包。第 1 章从 IPython 和 Jupyter 开始，它们提供了数据科学家需要的计算环境；第 2 章讲解能提供 ndarray 对象的 NumPy，它可以用 Python 高效地存储和操作大型数组；第 3 章主要涉及提供 DataFrame 对象的 Pandas，它可以用 Python 高效地存储和操作带标签的/列式数据；第 4 章的主角是 Matplotlib，它为 Python 提供了许多数据可视化功能；第 5 章以 Scikit-Learn 为主，这个程序库为重要的机器学习算法提供了高效整洁的 Python 版实现。

作者

2022 年 2 月